Anais de la Caridad Villafaña

Cambio climático, biodiversidad y agroecología

Anais de la Caridad Villafaña

Cambio climático, biodiversidad y agroecología

Material de consulta

Editorial Académica Española

Imprint
Any brand names and product names mentioned in this book are subject to trademark, brand or patent protection and are trademarks or registered trademarks of their respective holders. The use of brand names, product names, common names, trade names, product descriptions etc. even without a particular marking in this work is in no way to be construed to mean that such names may be regarded as unrestricted in respect of trademark and brand protection legislation and could thus be used by anyone.

Cover image: www.ingimage.com

Publisher:
Editorial Académica Española
is a trademark of
International Book Market Service Ltd., member of OmniScriptum Publishing Group
17 Meldrum Street, Beau Bassin 71504, Mauritius
Printed at: see last page
ISBN: 978-620-3-03248-2

Cambio climático, biodiversidad y agroecología

M. Sc. Anaís de la C. Villafaña Rivero

Contenido

CAMBIO CLIMÁTICO, BIODIVERSIDAD Y AGROECOLOGIA

Resulta curiosa la estrecha relación que se establece entre ecosistemas tales como arrecifes de coral, pastos marinos, manglares y playas arenosas, en la protección de las costas cubanas ante eventos climáticos de gran intensidad como los huracanes, su importancia se evidencia en aquellos lugares en que su estado de conservación no es el adecuado y ocurren grandes inundaciones, penetraciones del mar, entre otros impactos negativos.

Estos y otros conocimientos son el resultado de significativos esfuerzos de estudiar, para proteger y conservar éstos y otros ecosistemas de gran importancia en el desarrollo sostenible del país. También se hacen ingentes esfuerzos por estudiar y usar de manera sostenible otros niveles de la biodiversidad en función de elevar la calidad de vida.

Reflexiona un instante

¿Te has preguntado cuál es el estado de conservación de la biodiversidad en Cuba considerando que su pérdida en un problema ambiental y que constituye un eje esencial en el desarrollo del país?

¿Cuáles son las principales amenazas a nuestros ecosistemas y especies considerando el carácter insular del territorio?

¿Cuáles son las principales formas de conservación de la biodiversidad y cómo intervienen las organizaciones, las regulaciones legisladas para ello y cada uno de nosotros?

¿Qué beneficios te reporta, desde el punto de vista individual y social, el estudio de la biodiversidad?

En este material aprenderás aspectos esenciales que te permitirán dar respuesta a estas y otras interrogantes, así como las vías para continuar aprendiendo sobre tópicos como los siguientes:

- Los niveles de la biodiversidad y sus manifestaciones en el país.
- Los problemas ambientales que afectan a la biodiversidad y la repercusión económica y social de los mismos.
- Situación y tendencias de la diversidad de ecosistemas y especies en los paisajes cubanos, considerando su estado de conservación.
- Las modalidades de conservación de la biodiversidad que se ejecutan con la participación de diferentes organizaciones y la política ambiental cubana.
- La importancia de los conocimientos ecológicos, de conservación y desarrollo sostenible.

Existe una estrecha relación entre el desarrollo sostenible del país y la protección y uso de los diferentes niveles de la biodiversidad

De las 25 regiones consideradas como las de mayor importancia para la biodiversidad del planeta, ocho son territorios insulares. Ello destaca la importancia de las islas en la evolución y en la preservación de la vida.

De manera particular, Cuba tiene el doble de las especies de plantas exclusivas (más de 3 000) necesarias para figurar como un "punto caliente" de la vida del planeta. Dichos puntos son espacios geográficos con una elevada riqueza de flora y fauna, incluyendo un gran número de especies restringidas a esos territorios.

Estos "Puntos calientes" agrupan el 44% de todas las especies de plantas y el 35% de los vertebrados, en solo el 1,4% de la superficie del planeta. La región de las Antillas es un área muy interesante, pues en ella se manifiesta una extrema diversidad y complejidad de relaciones biogeográficas (Figura 1).

Fig.1: Puntos calientes a nivel mundial por la alta biodiversidad que presentan.

El conjunto de las Antillas, dentro de las cuales Cuba es un territorio esencial, figura entre los cinco puntos calientes más importantes a nivel planetario (Fig. 2), no obstante dicha biodiversidad está en peligro de desaparecer y por tanto su empleo para el desarrollo sostenible de la sociedad.

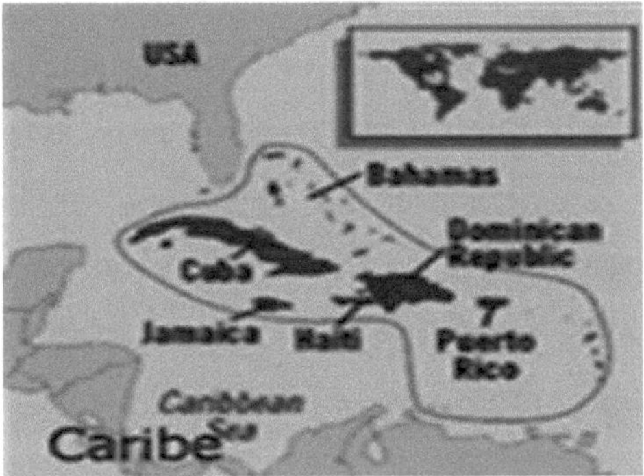

Fig. 2: Cuba, parte del conjunto de las Antillas considerado uno de los cinco puntos calientes más importantes a nivel planetario.

Recuerda que...

La biodiversidad es entendida como la variedad de formas de vida y de adaptaciones de los organismos al ambiente que encontramos en la biosfera, la cual se manifiesta en la diversidad de genotipos, especies, hábitats, ecosistemas y paisajes que constituye la gran riqueza de la vida del planeta.

¿En qué consiste el Convenio de Diversidad Biológica y el Programa Nacional para la protección de la misma?

El Plan Estratégico para la Diversidad Biológica se adoptó en el 2010, en el marco del Convenio sobre la Diversidad Biológica y a partir de entonces se han dado pasos alentadores en todo el mundo para hacer frente a la pérdida de la diversidad biológica.

El Convenio sobre la Diversidad Biológica (CDB) convoca Conferencias de la Partes (COP) periódicamente y en su décima conferencia aprobó el Plan Estratégico para el periodo 2011-2020.

El Plan Estratégico consta de cinco grandes objetivos estratégico y cada uno de ellos tiene definidas sus metas correspondientes, las que en total suman 20, denominadas Metas de Aichi por el nombre de la ciudad japonesa donde se celebró la conferencia antes referida.

Saber más...

Los cinco objetivos estratégicos se dirigen hacia las presiones directas a la biodiversidad, el estado de sus componentes, los beneficios que se derivan o deben derivarse de su uso y las medidas para implementar el plan acordado.

Unas metas se refieren a procesos o condiciones para disminuir la pérdida de la diversidad biológica y otras a estados deseados.

Cuba, como país firmante del CDB, rinde cuentas periódicamente del compromiso asumido para períodos similares, a partir de sus objetivos estratégicos y las metas nacionales que se elaboran considerando las circunstancias nacionales.

¿Sabías que...?

El V Informe que rindió Cuba, correspondiente al 2014, aun cuando se evidencian avances, se identificaron temas prioritarios que requieren profundización y en los que se continua trabajando para lograr paulatinamente un mayor cumplimiento de las metas trazadas, así como la calidad con que se cumplen (Figura 3).

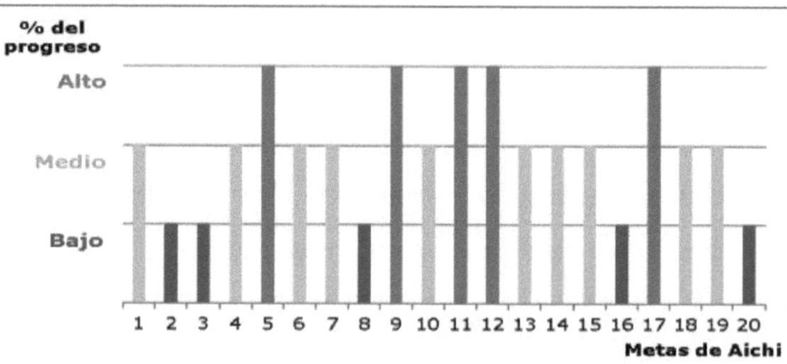

Fig. 3: Resumen sobre el progreso en Cuba para alcanzar las Metas de Aichi hasta 2014.

A pesar de la profunda crisis internacional, las afectaciones del bloqueo económico, financiero y comercial de los Estados Unidos a Cuba, el 75% de las metas están catalogadas en las categorías de alto y medio.

En la categoría de alto se encuentran:

Meta 5: ...la reducción del ritmo de la pérdida de todos los hábitats naturales.

Meta 9: ... la identificación y control o erradicación de especies exóticas invasoras priorizadas.

Meta 11: ...el fortalecimiento del sistema nacional de áreas protegidas.

Meta 12:...evitada la extinción de especies en peligro identificadas y su estado de conservación mejorado y sostenido.

Meta 19:... la puesta en práctica de una estrategia y un plan actualizado, de acción nacionales en materia de diversidad biológica.

El Programa Nacional sobre la Diversidad Biológica para un período dado constituye la principal plataforma de acción para la implementación de los objetivos estratégicos definidos en la política ambiental nacional.

El diseño de cada plan nacional, para contrarrestar la pérdida de la diversidad biológica, tiene en cuenta el resultado de los programas anteriores, las circunstancias nacionales y las decisiones adoptadas en las conferencias que se realizan en el marco del CDB. De esta manera se desarrolla paulatinamente un espiral ascendente que conlleva a eliminar o disminuir las disímiles causas que hacen que la pérdida de la DB sea un problema ambiental también en nuestro archipiélago.

¿Cuáles son los niveles de la biodiversidad y cómo se manifiestan en nuestro país?

La diversidad biológica se manifiesta básicamente en tres niveles (Figura 4): **diversidad genética** (variedad genética dentro de la especie), **diversidad de especie**s (número de especies distintas) **diversidad de ecosistemas** (variedad de interacciones dentro de ecosistemas y entre estos).

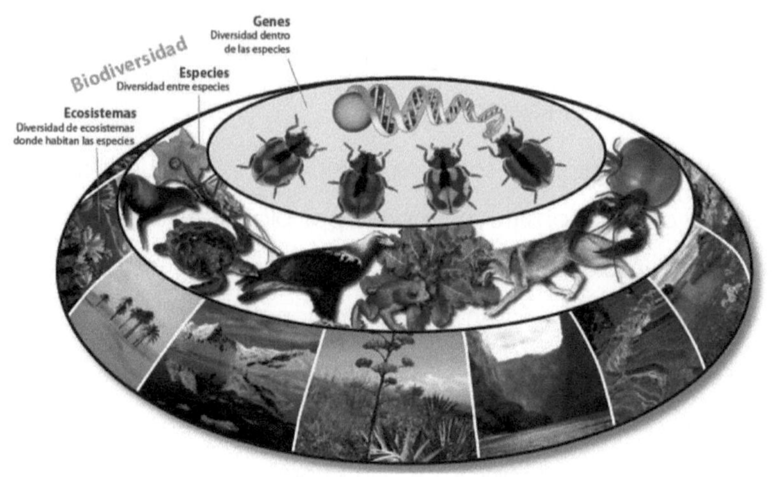

Fig. 4: Niveles de la biodiversidad.

La biodiversidad genética o diversidad intraespecífica, consistente en la diversidad de versiones de los genes (alelos) y de su distribución, que a su vez es la base de las variaciones interindividuales (la variedad de los genotipos).

Aplicación práctica

El potencial de la diversidad genética es significativa para la elaboración de bioproductos para disímiles usos en la esfera de la salud con la producción de: antibióticos, vitaminas, enzimas, hormonas, vacunas, interferones, productos de la sangre, anticuerpos monoclonales, etcétera.

Es importante significar que la terapéutica actual de muchas de las enfermedades que atacan al hombre, tales como la hepatitis B, el cáncer, la meningoencefalitis y otras., se basa en tecnologías de la ingeniería genética.

En la industria agro alimentaria, su empleo se materializa con la producción mediante las técnicas de recombinación genética y otras tales como fermentaciones e ingeniería enzimática.

Saber más...

Los altos niveles de variación genética existentes dentro de muchas especies arbóreas, pueden ser aprovechados y utilizados beneficiosamente por los forestales y los viveristas forestales. Mientras que los mejoradores de cultivos agrícolas y los agricultores modifican con frecuencia sustancialmente el ambiente donde se desarrollan sus cultivos, para adaptarlo a una especie o variedad específica, los viveristas forestales normalmente identifican las especies y procedencias que pueden proporcionar niveles algo mejores de los bienes y servicios que se requieren, incluso sin selección ni mejora intensiva, sin fuertes exigencias de manejo, y sin modificación importante del ambiente exterior. Tales materiales genéticos forestales de diverso carácter están además mejor protegidos intrínsecamente contra las variaciones del suelo y los microclimas cuando se expanden localmente. Por consiguiente, los sistemas de producción forestales y agroforestales dependen considerablemente de la disponibilidad continuada de estos diversos recursos genéticos tanto a nivel de especie como de su procedencia (población).

La diversidad de especies o biodiversidad específica, entendida como diversidad sistemática, está dada por la pluralidad de los sistemas genéticos o genomas que hace que existan distinciones entre las especies.

La diversidad de ecosistemas, es la diversidad de las comunidades biológicas (biocenosis) que conforman los paišajes, cuya suma integrada conforman los paisajes y estos a la biosfera.

¿Sabías que...?

La diversidad biológica disminuye con alarmante rapidez en la actualidad. Es probable, atendiendo a los estudios científicos realizados y sus predicciones, que en pocos decenios se encuentren extintas miles de especies, y hasta el 25% de las familias de plantas lo estén a finales del siglo XXI. Incontables especies de animales que dependen de esas plantas para obtener alimento y hábitat tal vez correrán la misma suerte.

¿Cuáles son los diferentes niveles de la biodiversidad y qué importancia tienen para el desarrollo sostenible del país?

Los estudiosos del tema insisten en la protección de la biodiversidad cubana, no solo como bien patrimonial, sino también por los bienes y servicios que brinda desde diferentes esferas relacionadas con el desarrollo sostenible (Figura 5).

Fig. 5: Bienes y servicios que brinda la biodiversidad.

¿Cómo se manifiesta el proceso evolutivo en la biodiversidad cubana?

Recuerda que...

El carácter insular de territorio cubano y el aislamiento genético han propiciado que figure dentro de uno de los cinco puntos calientes insulares.

Haciendo una mirada panorámica a los paisajes terrestres cubanos, muchos de ellos destacan por su belleza, un ejemplo de ello lo es el Valle de Viñales en Pinar del Río (Figura 6), el valle de Los Ingenios en Trinidad, provincia de Sancti Spíritus; pero también el que puede apreciarse desde las orillas del Toa en Baracoa (Figura 7), entre otros.

Fig. 6: Paisaje del Valle Viñales.

Fig. 7: Paisaje desembocadura del Toa.

En los paisajes habitan disímiles especies que constituyen las poblaciones típicas de los ecosistemas que lo conforman, así algunos paisajes terrestres cubanos se distinguen por especies como la mariposa, el tocororo, y la palma real, mientras otros presentan otras especies significativas.

De forma particular en los paisajes de Guantánamo y de forma especial en ecosistemas de Baracoa, se encuentran especies únicas como las polímitas; en Pelo Malo, provincia de Villa Clara, se localiza una especie de cactus exclusivo del área, pero lo sorprendente no lo constituye la presencia de ejemplares únicos y en peligro, por su alta vulnerabilidad, sino la gran variabilidad de ecosistemas y especies presentes en los paisajes cubanos, particularmente los montañosos.

Un ejemplo de lo anteriormente expresado puede observarse al este de la Cordillera de Guaniguanico, donde se localiza la Sierra del Rosario, paisaje en el que abundan los bosques tropicales como el siempreverde y el semideciduo, también pinares, cuabales (vegetación sobre rocas de serpentinas) y vegetación de mogotes.

En esta cordillera la formación vegetal más extendida es el bosque siempreverde, con árboles altos de hasta 40 m de altura. La vegetación sabanosa se caracteriza por la abundancia de gramíneas, ciperáceas y de una orquídea (*Bletia purpurea*) escogida como símbolo de la misma. La cobertura vegetal permite el desarrollo y conservación de mamíferos como la Jutía Conga (*Capromys pilorides*) y Carabalí (*Mysateles prehensilis*) y se reportan cinco especies de murciélagos; las aves son las más abundantes, entre ellas se observan especies endémicas como la Chillina (*Teretristis fernandinae*) y el tocororo (*Priotelus temnurus*), ave nacional. Entre los anfibios y reptiles se encuentra el Chipojo de la Sierra de Los Órganos (*Anolis luteogularis* ssp.) y el Lagarto de Agua o Lagarto Caimán (*Anolis vermiculatus*); típico también de esa región lo es una de las ranitas más pequeñas del mundo (*Eleutherodactylus limbatus*) (Figura 8).

Ya habrás llegado a la conclusión que en la riqueza de nuestra diversidad los factores relacionados con el sustrato, el aislamiento geográfico de las especies, vinculado al propio proceso de formación del archipiélago y por supuesto a la diversidad genética han propiciado, a lo largo del tiempo la gran biodiversidad que nos caracteriza.

Fig. 8: Formaciones vegetales en Sierra del Rosario y especies representativas de algunos ecosistemas.

Saber más…

El enfoque de paisaje es el modo de manejar, de manera práctica e integral, los hábitats a nivel de paisajes completos de un área geográfica heterogénea, compuesta por agrupamientos de ecosistemas interrelacionados, ya sean naturales o intervenidos por el ser humano. Este concepto implica la aceptación intrínseca del ser humano y su sistema socioeconómico como componente del paisaje.

En el archipiélago cubano, la biodiversidad en los ecosistemas terrestres se expresa fundamentalmente como ecosistemas de montaña, alturas y llanuras, predominando estos últimos (por la extensión, no por la biodiversidad que atesoran en endemismo).

Para saber más...

Los bosques son los depositarios más importantes de la biodiversidad terrestre. Proporcionan una amplia variedad de productos y servicios a la población de todo el mundo. Los árboles y las otras plantas leñosas del bosque ayudan a sostener a otros muchos organismos y han desarrollado mecanismos complejos para mantener altos los niveles de diversidad genética. Esta variación genética, tanto inter como intraespecífica, sirve para una serie de finalidades de fundamental importancia: permite a árboles y arbustos reaccionar frente a los cambios del medio ambiente, incluidos los ocasionados por plagas, enfermedades y el cambio climático; también proporciona los elementos básicos para la evolución futura, la selección y el uso humano en el mejoramiento genético para una amplia variedad de estaciones y usos; en distintos niveles, sostiene valores estéticos, éticos y espirituales de los seres humanos.

De la historia...

Desde el triunfo revolucionario de 1959, el gobierno cubano ha procurado proteger sus recursos genéticos, creando en diferentes regiones de la geografía del país, lo que se denominan bancos de germoplasma, para las diferentes especies de interés.

Existen importantes bancos de genes, que constituyen referencia a nivel regional e internacional para diferentes cultivos, entre los que destacan las viandas tropicales, hortalizas, granos, frutales, pastos y forrajes, así como en las diferentes especies animales. Se une a esto las importantes potencialidades existentes en el potencial humano desarrollado y el prestigio alcanzado por los centros de investigación.

Por su especificidad y relevancia para la conservación, suelen además distinguirse ecosistemas como los humedales interiores y costeros y las cayerías, que incluyen importantes extensiones de manglares.

También son relevantes los agroecosistemas, los que en zonas naturales y seminaturales, atesoran valores asociados a la actividad humana.

Los ecosistemas marinos y costeros dan a nuestro país un significativo aporte económico. El turismo de sol y playa, una de las principales vías de ingreso de divisas al país, se sostiene por el esfuerzo conservacionista que se realiza y los recursos que invierte en el mantenimiento y restauración de los arrecifes coralinos, pastos, manglares y playas, compuesta mayoritariamente por algas calcáreas, restos de moluscos y corales; también resultan relevantes desde el punto de vista económico, político y social los paisajes aún bien conservados de nuestras costas y fondos marinos.

Los humedales son de importancia nacional y regional por ser zonas de tránsito en las rutas de aves migratorias del continente americano y sobre todo de la región caribeña y de otras especies migratorias que evidencia la interconectividad entre todos los ecosistemas y la importancia de su uso sostenible para Cuba y el mundo.

Aplicación práctica....

Rutas migratorias del gavilán cola de tijera (*Elanoides forficatus*) sobre Cuba, captada con el empleo de telemetría satelital, muestran la importancia de la protección de la biodiversidad cubana desde el punto de vista regional.

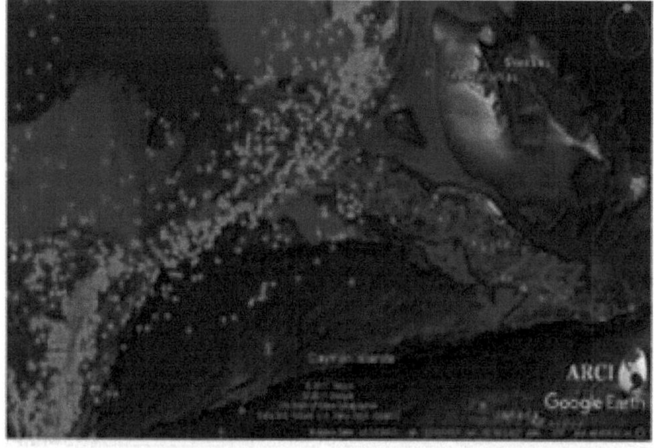

¿Qué características distinguen la diversidad de especies en el archipiélago cubano?

No toda la diversidad cubana está estudiada, cada día se descubren nuevas especies y más especialistas se ocupan de escudriñar en la importancia que poseen, desde diferentes aristas, con el propósito de que puedan ser empleadas en el desarrollo sostenible del país.

Entre los grupos de organismos significativos se encuentran los hongos. En la actualidad existen en el mundo aproximadamente 232 especies de hongos micorrizógenos arbusculares y en el país se conocen hasta el momento 74 especies de estos. Han sido colectadas y descritas ocho especies endémicas para Cuba, lo cual representa el 3,4% de las especies descritas a nivel mundial y el 10,8% de las reportadas en el país.

Los hongos están ampliamente distribuidos y se desarrollan en cualquier lugar donde encuentren materia orgánica, agua y temperatura adecuada debido a las características nutricionales. Factores como la acidez del suelo, la intensidad lumínica y la concentración de dióxido de carbono también influyen en el crecimiento y desarrollo de estos organismos, por lo que abundan en los bosques. También pueden colonizar diferentes sustratos como telas, paredes de construcciones, monumentos, papel, cartón y petróleo.

Aunque existen hongos parásitos, su importancia ecológica para el mantenimiento del ciclo de las sustancias en los ecosistemas y de la biodiversidad que alberga, radica en su función como descomponedores en la cadena de alimentación, como ya estudiaste en grados anteriores.

Algunos autores los han clasificado, según su importancia y propiedades, como alucinógenos, tóxicos, medicinales, patógenos, comestibles y micorrízicos.

En nuestro país se realizan esfuerzos encaminados al estudio de la diversidad de hongos existentes Áreas Protegidas y se cuenta con una estrategia para la Conservación de la Diversidad Fúngica. (Para más información, conéctate a: http://www.ecosis.cu/biocub/biodiversidadcuba/varios/listaro jamicobiota-cuba-amenaza.html.)

Sabías que…

> El aumento significativo de la temperatura puede dañar seriamente la presencia y diversidad de hongos, ya que este parámetro, al igual que la humedad, juega un papel fundamental en el crecimiento y desarrollo de los mismos. Además el aumento de la temperatura puede ocasionar que ciertas especies de hongos de zonas cálidas migren a Cuba, entre las que pudieran incluirse especies patógenas, así como especies de plantas, con hongos asociadas a ellas, ocasionando disturbios en la distribución actual de los existentes en el país.

El archipiélago cubano cuenta con más de ocho mil especies botánicas, entre ellas, seis mil son plantas superiores, de las cuales más del 50 por ciento son endémicas, por lo que el país es considerado el principal centro de especiación de las Antillas.

De la historia...

Se cree que los huracanes, las corrientes marinas y las aves, han sido los principales transportadores de semillas desde tierras lejanas, que más tarde poblaron el territorio nacional de árboles de madera dura, palmas, arbustos y otras especies.

Los colonizadores trajeron plantas textiles y oleaginosas; cereales, legumbres, tubérculos, hortalizas y frutas como el mango, plátano (banano), cítricos: naranja, limón y otras variedades. La especie vegetal exótica más útil introducida en Cuba es la caña de azúcar, la que junto a la palma real constituyen los elementos florales más típicos de la geografía cubana. Otros especímenes de gran utilidad a la economía son el tabaco, oriundo de Cuba, y el café nativo de Etiopía; el arroz de la lejana Asia; el maíz y el cacao de la América continental, así como viandas y otros.

Saber más...

Cuba posee relativa riqueza en plantas medicinales, las que fueron estudiadas por el destacado botánico Juan Tomás Roig. La mayor parte de las especies de este tipo empleadas por la población y la medicina verde, no son oriundas del país. En realidad, los estudios sobre las propiedades terapéuticas de las plantas autóctonas cubanas, están aún en ciernes. La mayoría de las flores que se observan en jardines y áreas verdes cubanos (rosas, claveles, gladiolos, dalias y otras), han sido traídas al país desde diferentes lugares. Entre las especies florales endémicas figuran el lirio de costa y algunas clases de orquídeas, así como diversos tipos de la llamada brujita. La Mariposa, Flor Nacional de Cuba, es originaria del Asia.

Cuba ostenta el tercer lugar mundial en endemismo vegetal respecto a su extensión territorial, después de la Provincia Florística del Cabo, en África, y del conjunto de islas de la Polinesia y la Micronesia.

Por otra parte, la flora cubana posee alrededor del 53 % de especies endémicas, valor que la posiciona entre las siete islas con mayor porcentaje de endemismo en el planeta. La exclusividad de la flora cubana no solo se encuentra en las cifras; la compleja formación geológica de la isla, como ya se ha expresado anteriormente, propició que fuera origen y centro de diversificación, en este caso, de numerosos géneros de plantas.

El análisis de algunos de los datos acerca de la riqueza de la flora cubana y las implicaciones de su pérdida, así como de los usos y beneficios que reportan te posibilitará llegar a conclusiones sobre la importancia que tiene, para el desarrollo sostenible del país, las inversiones que se realizan para que, especialistas calificados monitoreen el estado en que se encuentra, continúe realizando su estudio taxonómico y el potencial que tiene el archipiélago para la determinación de especies (algunas ya empleadas) de importancia en el tratamiento de enfermedades y patologías; otras en las que se han determinado sus principios activos, constituyendo el punto de partida para la elaboración de productos de gran importancia para elevar la calidad de vida y las proyecciones para continuar en esas líneas de desarrollo (Figura 9).

Fig. 9: Banco de germoplasma en forma de colección en campo (colección de trabajo ex situ) de *Puchea. Carolinensis (Salvia)* conactividad estrogénica y antioxidantecida, en el Instituto de Ecología y Sistemática de Cuba.

Saber más...

Alrededor del 60 % de las extinciones en el planeta han ocurrido en islas. Dado esta alarmante realidad, las islas son uno de los lugares donde más urge realizar trabajos encaminados a frenar la actual crisis de la biodiversidad.

La exclusividad de la flora cubana y el hecho de que fuera origen y centro de diversificación de numerosos géneros de plantas, cautivó por más de dos siglos la atención de eminentes científicos cubanos entre los que se destacan Antonio Ponce de León, Julián Acuña, Juan Tomás Roig, Onaney Muñiz; y foráneos como Alexander von Humboldt, Erik L. Ekman, Nathaniel L. Britton, los hermanos León, Alain (Dr. Henry Liogier), Marie Victorín y Clemente, el Prof. Johannes Bisse, entre muchos otros.

Estudios realizados reportados en Bissea, Vol. 7, Número Especial, Mayo/2013 reportan las 50 especies de plantas más amenazadas en el territorio cubano, conocimientos que puedes ampliar localizando el número antes citado en la siguiente dirección: bissea@fbio.uh.cu.

La diversidad faunística es de gran importancia porque contiene una variedad de fondos genéticos inconmensurables, que pueden ser utilizados racionalmente en función del bienestar de la humanidad (Figura 10). Además, son determinantes en el control biológico y constituyen recursos para el desarrollo del turismo de naturaleza con los consiguientes beneficios.

Fig. 10: Producto obtenido a partir del veneno del alacrán colorado (*Rhopalurus junceus* Herbst) con acción analgésica y antiinflamatoria.

Hasta la fecha el número de invertebrados marinos registrados en Cuba sobrepasa la cifra de 5 700 especies y la de cordados más de 1 060 (principalmente peces). Las zonas norte y sur orientales son las menos conocidas con sólo cerca de 500 especies de organismos marinos inventariados, la mayoría de los cuales corresponden a invertebrados y peces, mientras que las más conocidas son la costa norte desde La Habana hasta Camagüey, incluyendo el Archipiélago Sabana-Camagüey y la región Suroccidental donde se localiza el Golfo de Batabanó.

Al hacer un análisis de la diversidad de invertebrados y vertebrados de Cuba, se ha podido estimar que existen 11 954 especies de invertebrados y 655 especies de vertebrados registradas, y que constituye la región del Caribe Insular más diversa en cuanto a la fauna. Dentro de los invertebrados, la mayor diversidad corresponde a los insectos, moluscos y arácnidos, mientras que en los vertebrados a las aves y los reptiles.

Con relación a las especies marinas, los resultados del índice de riqueza en las áreas determinadas, indican que las de mayor riqueza de especies se encuentran en la costa sur de los extremos de la isla, en primer lugar en el sur de Oriente y en el sur de la Península Guanahacabibes en la zona suroccidental. El tercer lugar lo ocupa Jardines de la Reina también en la costa sur; y el Archipiélago de los Colorados en la región noroccidental ocupa un cuarto lugar.

La diversidad faunística, representada por más de 14000 especies, es elevada especialmente en artrópodos, moluscos, anfibios, reptiles y aves, destacándose además su alto índice de endemismo (Figura 11).

Fig.11: Diversidad de endémicos de la fauna cubana.

Dentro de la diversidad de paisajes hemos estudiado la diversidad de ecosistemas que los conforman, conoces también que la inmensa mayoría de las relaciones eco sistémicas, entre los componentes bióticos, se dan dentro del área que ocupan las comunidades, por lo que distinguirlos entre sí contribuye a su preservación.

Consideraciones finales

Cuba, alberga la más alta riqueza de plantas del Caribe, por lo que es considerada entre las cuatro islas con mayor cantidad de especies vegetales a nivel mundial, y la primera en número de taxones por kilómetro cuadrado.

La biodiversidad de especies endémicas cubanas hacen que nuestro archipiélago figure entre los primeros cinco puntos calientes a escala planetaria mostrando el mayor endemismo en el Caribe insular.

Los bienes y servicios de los diferentes niveles de la biodiversidad están íntimamente interrelacionados lo que evidencian la importancia de su estudio y uso sostenible de forma integral.

En el ecosistema confluyen todos los factores del medio ambiente, por lo que es la unidad ecológica básica e integral que incluye el biotopo o el área física que ocupa, la biocenosis, los factores abióticos y los socioculturales que inciden en el normal desarrollo de los individuos, las poblaciones y las comunidades.

Las interrelaciones evidenciadas entre los niveles de la biodiversidad y los ecológicos es una muestra más de la integridad biológica.

Los ecosistemas han ofrecido muchos bienes y servicios a la humanidad, y su explotación irracional ha traído como consecuencia: contaminación, destrucción, extinción de especies, entre otros efectos. Su conservación y uso racional sostenible es una necesidad imperiosa del presente y del futuro, más aún tras las amenazas del cambio climático.

Comprueba tus conocimientos

1. ¿Cuál es la importancia del estudio de la biodiversidad considerando el enfoque de paisaje y el ecosistémico? Argumenta.
2. ¿Cómo puede el hombre alterar los diferentes niveles de la biodiversidad? Ejemplifica en cada uno.
3. Argumenta la importancia sociocultural que representa la protección de los diferentes niveles de la biodiversidad. Ilustra con ejemplos tus argumentos.
4. Cuba se distingue por la riqueza de especies de hongos, flora y fauna. Ejemplifica la afirmación haciendo referencia a cada uno de estos grupos de organismos. Para poner ejemplos específicos de la provincia donde habitas, conéctate con el Portal del CITMA de tu localidad.

Desafíos

1. La protección, conservación y uso sostenible de la biodiversidad cubana en de suma importancia no solo para el país sino para la protección de la misma más allá de nuestras fronteras. Con la información que te brinda el texto, representa gráficamente la afirmación.

2. En el V informe que rindió Cuba ante el CDB se valoró como alto el cumplimiento de los metas 5 y 9 que en su esencia plantean:

Meta 5: ...la reducción del ritmo de la pérdida de todos los hábitats naturales.

Meta 9: ... la identificación y control o erradicación de especies exóticas invasoras priorizadas.

a- Diseña acciones que te posibilitarían materializarlas en un área seleccionada de tu comunidad.

3. Si conocieras la proyección de la construcción de un asentamiento humano en áreas donde existe biodiversidad de especies no identificadas por las autoridades del jardín botánico de la localidad:

¿Qué acciones preventivas promoverías en la comunidad para la protección de la biodiversidad?

¿Qué argumentos considerarías, para convencer a los vecinos de la comunidad y a los decisores administrativos, acerca de la conveniencia de ejecutar las acciones que propones?

4. Selecciona un parque o área verde de los alrededores del centro en el que estudias y propón acciones que puedes realizar junto a tu grupo para preservar su biodiversidad, así como potenciar los bienes y servicios que reporta.

La estrecha relación que existe entre los problemas ambientales influyen en la pérdida de la diversidad biológica, pero de las medidas de adaptación y mitigación que seamos capaces de poner en práctica, depende nuestra vida y la calidad con que podamos disfrutarla

Para 2050, la jutía carabalí (*Mysateles prehensilis*) podría ver reducida la extensión geográfica de sus condiciones climáticas favorables en más del 80% respecto a la distribución actual, y el chipojo (*Anolis chamaeleonides*) en más del 90%. Para una especie de planta (*Erythroxylum longipes)* exclusiva de la región oriental de Cuba el área de distribución para el 2080 podría ser inferior a los 600 km². De manera general los cuatro casos de estudio para 2080 podrían tener una extensión de presencia de menos de 5.000 km². Tal extensión se corresponde con la categoría de "Amenazada" según la Unión Internacional para la Conservación de la Naturaleza (UICN).

Como se aprecia en la situación anterior el cambio climático es uno de los problemas ambientales al igual que la pérdida de la diversidad biológica, sin embargo entre ellos existe tal relación que el incremento de uno de ellos acelera el otro y viceversa, pero ¿existe solamente relación entre esos dos problemas ambientales, cuáles son los otros que afectan a la biodiversidad y cómo se interrelacionan?

La respuesta a estas situaciones las podrás encontrar en este epígrafe donde además ampliarás tus conocimientos acerca de las especies exóticas invasoras, la fragmentación de hábitats y ecosistemas, la contaminación ambiental, los incendios forestales y la sobreexplotación de los recursos naturales.

¿Cómo se interrelacionan los problemas ambientales y la pérdida de la diversidad biológica?

Recuerda que....

El término **cambio climático** se refiere a las variaciones de las condiciones climáticas del planeta durante periodos relativamente prolongados. De hecho, el clima de la Tierra nunca ha sido estable, y en dependencia de múltiples factores naturales -cuya precisa interrelación es tema de investigación por los científicos- las temperaturas medias globales han ascendido o descendido con cierta periodicidad durante millones de años. Actualmente, cuando se menciona el término, se refiere casi exclusivamente a las aceleradas variaciones climáticas de los últimos años, que provoca por la actividad humana.

La Convención Marco de las Naciones Unidas sobre el Cambio Climático de Río de Janeiro -1992- utilizó el término en ese sentido: "Por cambio climático se entiende un cambio de clima atribuido directa o indirectamente a la actividad humana que altera la composición de la atmósfera mundial y que se suma a la variabilidad natural del clima observada durante períodos de tiempo comparables".

En el país existe la Estrategia Nacional Ambiental que se actualiza sistemáticamente; considerando los resultados de los estudios científicos que se realizan, para el período 2016-2020 se declaran como problemas ambientales principales para Cuba los siguientes:

- El impacto del cambio climático.
- La degradación de los suelos.
- Afectaciones a la cobertura forestal.
- La contaminación.
- La pérdida de la diversidad biológica y el deterioro de los ecosistemas.
- La carencia y dificultades en el manejo, la disponibilidad y calidad del agua.
- El deterioro de la condición higiénico sanitaria en los asentamientos humanos.

Estos problemas, independiente de que cambie la intensidad con que se manifiesten en este o en períodos posteriores, actúan de manera interrelacionada por lo que todos impactan en la diversidad biológica.

De la historia...

En todos los continentes se han observado impactos Sobre el ciclo hidrológico, que afectan la disponibilidad y calidad del agua dulce.

Se han registrado cambios en los caudales de los ríos, que resultan coherentes con la reducción del volumen de las precipitaciones y el incremento de las temperaturas a partir de 1950. En Europa en el período 1962-2014, los caudales han disminuido en el sur y en el este, incrementándose en la zona norte.

En el país, por su forma alargada y estrecha, son las zonas costeras y los ecosistemas que comprenden los más afectados.

De manera particular el cambio climático impacta en los arrecifes al inducir el calentamiento del mar, la acidificación del agua y la aparente tendencia de aumento de la intensidad de los huracanes. Estos ecosistemas han sido los primeros que han mostrado evidencias claras de afectaciones causadas por el cambio climático. Además, los manglares y pastos marinos en la interconexión tierra-mar de la región suroccidental de Cuba, así como las tortugas y pesquerías de langosta resultan los componentes con mayor vulnerabilidad ecológica.

Resulta trascendental el impacto en los asentamientos poblacionales que se desarrollan cerca de las costas con el consecuente peligro para las vidas humanas, así como la afectación económica- social por la pérdida de bienes y la afectación al turismo.

Estas consecuencias, provocadas principalmente por la elevación del nivel del mar han sido consideradas en la elaboración del Plan del Estado, denominado Tarea Vida con acciones a cumplir en diferentes plazos hasta el 2100 encaminadas unas, a mitigar y adaptarnos a los efectos del cambio climático y otras, a educar a la población en la percepción de los factores de peligro, vulnerabilidad y riesgo que conllevan.

Es conocido que el cambio climático provoca el calentamiento global, cuyos efectos potenciales son cambios en el nivel del mar, cambios en los patrones de precipitación, efectos en los organismos, incluida la salud del ser humano y efectos en la agricultura.

De la historia...

La ola de calor de Europa en el año 2003 causó más de 50,000 muertes en 11 días. (Figura 12).

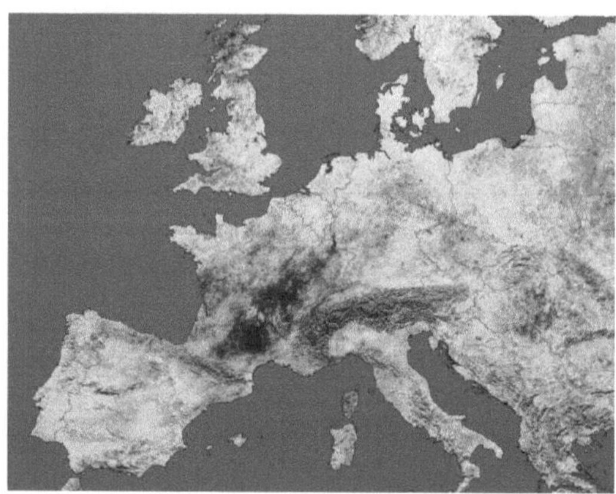

Fig. 12: Área afectada por calor en Europa en el año 2003.

Para enfrentar el cambio climático se han proyectado dos estrategias básicas: la mitigación y la adaptación.

La mitigación, encaminada a actuar sobre las causas que provocan el calentamiento global, se materializa desarrollando formas de prevenir la acumulación de gases de efecto invernadero en la atmósfera. Esta es la mejor y más definitiva solución a este fenómeno, porque es permanente.

Entre los gases de efecto invernadero (GEI) en la atmósfera se encuentran los clorofluorocarbonos (CFC) empleados en latas con aerosol, gases refrigerantes, agentes espumantes para aislamiento y empaque (poliestireno) y como solventes y limpiadores en la industria electrónica. Estos gases, además, destruyen la capa de ozono en la estratosfera, con lo cual, mayores niveles de radiación ultravioleta llegan a la superficie terrestre, lo cual está relacionado con varios problemas de salud humana, incluyendo cataratas, cáncer de piel, debilitamiento del sistema inmunitario y muerte del plancton marino con la consiguiente afectación a los ecosistemas oceánicos.

Saber más…

La reducción de los GEI ha sido objeto de diferentes convenciones internacionales, llegándose a acuerdos, que no todos los países firmantes cumplen. Cuba, como país firmante, a pesar de las dificultades económicas, constantemente implementa todas las medidas que están a nuestro alcance.

La **mitigación** (aminoramiento) requiere formas de moderar o posponer el calentamiento global, de modo que de tiempo para intentar otras soluciones más permanentes.

Una de las formas de aminorar tiene que ver con los bosques, pues estos utilizan el CO_2 mediante la fotosíntesis, entonces la siembra de árboles, y conservar los existentes, son medidas que pueden contribuir a aminorar el calentamiento, así como la diversificación de diferentes fuentes renovables de energía para disminuir al máximo posible el empleo de derivados del combustible fósil y sus consecuentes emisiones de CO_2 a la atmósfera.

La **adaptación** es la respuesta a los daños causados, por lo que significa actuar sobre las consecuencias que acarrea. El desarrollo de estrategias para adaptarse al cambio climático implica la suposición de que el calentamiento global es inevitable. Uno de los temas más preocupantes, para los países insulares, es el ascenso del nivel del mar.

Los problemas ambientales se interrelacionan unos con otros, así el cambio climático incide en la pérdida de la diversidad biológica.

La sinergia entre el incremento de la temperatura superficial del mar, la frecuencia e intensidad de eventos meteorológicos en las costas de Cuba y el actualmente discreto (pero probablemente sostenido y gradual) incremento del nivel del mar, aumenta el riesgo de pérdida de biodiversidad, y de sus bienes y servicios, que ya se encuentra muy amenazada en las áreas costeras donde el hombre ha transformado la costa.

Sabías que...

> Los organismos ciclónicos, por su mayor frecuencia e intensidad, son los eventos asociados al cambio climático que más afectaron la biodiversidad marina y costera de Cuba en las últimas décadas.

> No obstante, los ecosistemas de manglar y de pastos marinos, al parecer poseen una mayor capacidad de recuperación que los arrecifes coralinos ante eventos meteorológicos extremos, siempre que no hayan sufrido previamente alteraciones irreversibles ocasionadas por el hombre.

Nuestro archipiélago, afortunadamente, posee una doble barrera natural para el enfrentamiento y adaptación al cambio climático compuesta por los ecosistemas marinos y costeros naturalmente preparados para soportar el embate de fuertes vientos, marejadas e intenso oleaje.

Un arrecife coralino sano, con elevada complejidad estructural, el seibadal y la barrera protectora de mangle rojo, compuesta por fuertes raíces que penetran los sedimentos y tupido follaje, son elementos de defensa de la naturaleza para mantener, en territorios frágiles, como el nuestro, una inmensa riqueza de especies, hábitats y ecosistemas para las presentes y futuras generaciones y para el sostenimiento de la vida en el planeta.

Aplicación práctica

El cambio climático está provocando variaciones en la distribución de especies de la fauna y se predice que podría ser causa de extinciones en un futuro cercano. Por su carácter insular, la biodiversidad de Cuba es particularmente sensible al cambio del clima; sin embargo, son escasos los estudios que hayan explorado sus posibles efectos sobre la biota cubana hasta el año 2000. Como consecuencia investigadores del Instituto de Ecología y Sistemática desarrollan un proyecto, que basado en herramientas de modelación, evalúa los cambios en la distribución de especies de flora y fauna terrestre en el archipiélago cubano ante posibles escenarios de cambio climático.

Saber más…

En Cuba, las zonas marino-costeras previstas con altos niveles de impacto por el ascenso del nivel medio del mar ante el cambio climático, indican la reducción de gran número de áreas de importancia para la alimentación, reproducción y migración de las aves acuáticas, con probables cambios a mediano plazo en los actuales patrones de abundancia y distribución de la avifauna en el país.

En general se considera que los bosques naturales, que constituyen el principal reservorio de la diversidad biológica, son altamente vulnerables a los impactos asociados al cambio climático y se espera provoquen pérdidas del patrimonio forestal nacional, del área cubierta de bosques, lo que lleva implícito la pérdida de las reservas de madera en pie, de la cantidad de especies arbóreas y de formaciones boscosas, con la posibilidad, de que la frecuencia relativa de las especies presentes en las formaciones naturales capaces de adaptarse, también presente modificaciones de importancia.

Según las experiencias del sector forestal, el cambio climático deberá afectar seriamente lo recursos forestales, por penetración del mar, en aquellos más cercanos a las costas. En las zonas litorales, las zonas interiores y las áreas de lagunas, esteros y ciénagas se prevén pérdidas de diversas especies de mangles.

Aplicación práctica…

De no contrarrestar los impactos del cambio climático, podrían producirse afectaciones significativas sobre las zonas de nidificación del cocodrilo y en los diferentes hábitats de iguanas, jutías, áreas donde nidifican flamencos, pelícanos y garzas. Un ejemplo de ello lo constituye la Ciénaga de Zapata, considerado el mayor y mejor conservado humedal del Caribe, donde de acuerdo con los estudios realizados, para los años 2050 y 2100 se perderá buena parte de la zona occidental de la Península de Zapata, bloque más bajo en comparación con la porción oriental y con el área la biodiversidad que alberga.

¿Qué otros factores afectan la biodiversidad y cómo se interrelacionan?

Los **incendios forestales** manifiestan una alta variabilidad tanto en la ocurrencia como en las afectaciones que provocan. En tal sentido en Cuba, al igual que en el resto del mundo, los incendios forestales contribuyen a la deforestación, la degradación de los suelos y por tanto a la pérdida de la diversidad biológica.

Las principales causas del surgimiento de los incendios han estado representadas por las negligencias relacionadas con la utilización del fuego en terrenos agrícolas para diferentes fines como quema de residuos de cosechas, preparación de terrenos para la siembra, quema de potreros, elaboración de carbón, limpieza de caminos y cunetas, castración de colmenas y la eliminación de plagas y enfermedades. También aparecen en este contexto las negligencias de cazadores y pescadores furtivos, así como las de fumadores y transeúntes ocupando un elevado porcentaje dentro del total de las negligencias.

La **sobreexplotación de los ecosistemas** es un factor importante en la pérdida de la biodiversidad. Esto incluye la deforestación por tala indiscriminada de los bosques, la pesca excesiva y la caza furtiva de especies animales.

El problema más grave que afecta a los bosques del mundo es su desaparición o deforestación.

Reflexiona un instante

> Si la deforestación se define como la destrucción temporal o permanente de la población vegetal con fines agrícolas o de otro tipo, entonces cuando los bosques se destruyen, se pierden las valiosas contribuciones que hace al ambiente o a las personas que dependen de ellos.

Con la deforestación aumenta la erosión del suelo y disminuye su fertilidad. El incremento de la sedimentación en ríos y arroyos a causa de la erosión del suelo daña los ecosistemas acuáticos al reducir la penetración de la luz solar, cubrir organismos acuáticos, llevar contaminantes tóxicos insolubles al agua.

La erosión descontrolada del suelo, en especial en pendientes y laderas deforestadas, causa flujos de lodo que ponen en peligro vidas humanas. En regiones más secas la deforestación propicia la formación de desiertos, y la pérdida de la diversidad biológica, en particular, de muchas especies tropicales con distribución geográfica muy limitada.

Aplicación práctica

> La deforestación induce cambios climáticos regionales y globales. Los árboles liberan cantidades sustanciales de humedad al aire, esta humedad regresa a tierra en el ciclo hidrológico. Cuando un bosque grande

desaparece es factible que la precipitación decline, las sequías se vuelvan comunes en esa región y la temperatura se incremente un poco, al haber menor enfriamiento evaporativo por transpiración.

Las **especies exóticas invasoras** (EEI) constituyen causa de pérdida de la diversidad biológica en nuestro país. Son especies cuya introducción, y propagación amenaza a los ecosistemas (Figura13), hábitats o especies, produciendo daños económicos, o ambientales en una zona donde antes no existía, lo que puede alterar, a menudo, el equilibrio entre las especies que viven en dicho hábitat considerando que pueden desplazarlas, propiciar la aparición de enfermedades,la hiperdepredación, las redes tróficas o la alteración de las sucesiones vegetales.

Fig.13: A la izquierda ecosistema de playa invadido de casuarina, a la derecha el ecosistema recuperado después de la tala de esta especie exótica invasora.

Otros peligros asociados a la introducción de estos organismos exóticos invasores son la hibridación con especies nativas y afectaciones en los mecanismos de polinización y dispersión. Estas especies no sólo ponen en peligro la biodiversidad y salud de los ecosistemas, también ocasionan cuantiosas pérdidas económicas en sectores como la agricultura, la ganadería, la salud humana, la pesca, la actividad forestal, el turismo y los recursos hídricos.

La **fragmentación del hábitat** es otro de los factores que ponen en peligro la biodiversidad.

A menudo el ser humano deja pequeñas zonas aisladas de hábitat natural, completamente rodeadas por caminos, campos de cultivo (Figura 14) y construcciones, lo que trae como consecuencia la formación de "islas" para algunas de las especies. Por ejemplo si una especie de plantas es polinizada por un insecto que se caracteriza por realizar vuelos cortos, si el ancho de los caminos sobrepasa la longitud de vuelo, entonces dicho camino constituye una barrera que impide la polinización entre las plantas que quedaron a uno y otro lado del mismo.

La fragmentación puede traer como consecuencia entonces que las especies que "prefieren el hábitat insular" suelen encontrarse en cantidades muy reducidas pudiendo incluso desaparecer, pues a menudo los fragmentos de un hábitat solo soportan una fracción de las especies que se hallaban en el ambiente original.

Por otro lado la fragmentación, en dependencia del potencial genético de la especie a la que pertenece y al aislamiento genético ocasionado, pudiera originar, a largo plazo, procesos evolutivos por aislamiento genético.

Fig. 14: Bosque fragmentado por áreas de cultivo.

Aplicación práctica...

En varios estudios se ha demostrado que la fragmentación de bosques aumenta las probabilidades de incapacidad reproductiva entre las aves que habitan desde el sur de Norteamérica, el Caribe y gran parte de Suramérica, muchas de las cuales son insectívoras que anidan solo en interiores de bosques.

Como resultado de la fragmentación forestal, hay mayor probabilidad de que los nidos se localicen cerca de un lindero de bosque, el límite entre el bosque y tierras agrícolas o vecindarios residenciales, en lugar de estar en profundidades del bosque resultando más vulnerables a la depredación por mamíferos pequeños.

La fragmentación de la cobertura vegetal natural y seminatural en Cuba es de alta a media. Las formaciones vegetales que mantienen fragmentos de hasta 100-1000 Km^2 tienen una amplia cobertura ecopaisajística por lo que puede observarse desde bosques hasta matorral semidesértico.

Contaminación ambiental

La contaminación constituye una de las causas identificadas de pérdida de diversidad biológica. Entre los contaminantes se incluyen agentes químicos industriales y agrícolas, contaminantes orgánicos de aguas residuales domésticas, desechos ácidos que se filtran desde las minas, y contaminación térmica por agua caliente residual de plantas industriales.

Desde el año 1998, el país cuenta con un inventario de fuentes contaminantes principales y se evalúa, con carácter anual, la variación de carga contaminante a nivel nacional, en las principales Cuencas Hidrográficas de Interés Nacional, en los macizos montañosos y en las principales bahías.

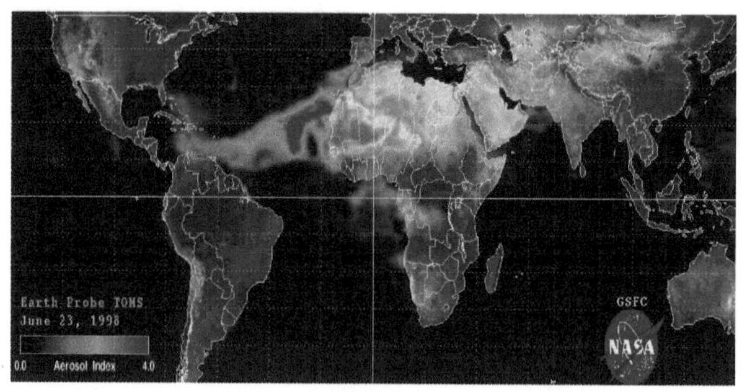

La contaminación de las aguas con materia orgánica disuelta puede incidir en la pérdida de la biodiversidad pues especies invasoras suelen desarrollarse en ellas como el *Myriophyllum pinnatun* (miriofilun) y cuando los contaminantes son ricos en nitrógeno y fósforo se desarrolla abundantemente *Eichhornian crassipes* (jacinto de agua) de forma tal que constituye un indicador de contaminación. No obstante su impacto negativo, su adecuado manejo conlleva a que pudiera ser empleada en la fitorremediación al ser utilizada como acumulador de metales pesados y para el tratamiento de aguas residuales.

Incendios forestales.

Los incendios forestales manifiestan una alta variabilidad tanto en la ocurrencia como en las afectaciones. En tal sentido en Cuba, al igual que en el resto del mundo, los incendios forestales contribuyen a la deforestación, la degradación de los suelos y por tanto a la pérdida de la diversidad biológica. Las principales causas del surgimiento de estos siniestros han estado representadas por las negligencias relacionadas con la utilización del fuego en terrenos agrícolas para diferentes fines como quema de residuos de cosechas, preparación de terrenos para la siembra, quema de potreros, elaboración de carbón, limpieza de caminos y cunetas, castración de colmenas y la eliminación de plagas y enfermedades. También aparecen en este contexto las negligencias de cazadores y pescadores furtivos, así como las de fumadores y transeúntes ocupando un elevado porcentaje dentro del total de las negligencias (Figura: 15).

Fig. 15: Incendio forestal como causa de la pérdida de la biodiversidad.

Sobreexplotación

La sobreexplotación de los ecosistemas es un factor importante en la pérdida de la biodiversidad. Esto incluye la deforestación por tala indiscriminada de los bosques, la pesca excesiva y la caza furtiva de especies animales.

Saber más...

La huella ecológica de denomina a áreas de tierras y aguas biológicamente productivas que necesita un territorio en un año dado para producir los recursos que consumió y absorber los desechos que generó. Es una expresión del consumo de la humanidad en un momento (año) determinado. Es una fotografía del pasado, no una predicción de cómo vamos hacia el futuro. Se expresa en hectáreas globales. En la huella ecológica no se incluye las actividades que actualmente degradan la capacidad regenerativa futura de los ecosistemas, el consumo de agua potable (industrial, agropecuario y doméstico), el agotamiento de recursos no renovables, la demanda de biocapacidad resultante de la emisión de gases de efecto invernadero diferentes del CO_2 y el consumo de las especies silvestres (Figura 16).

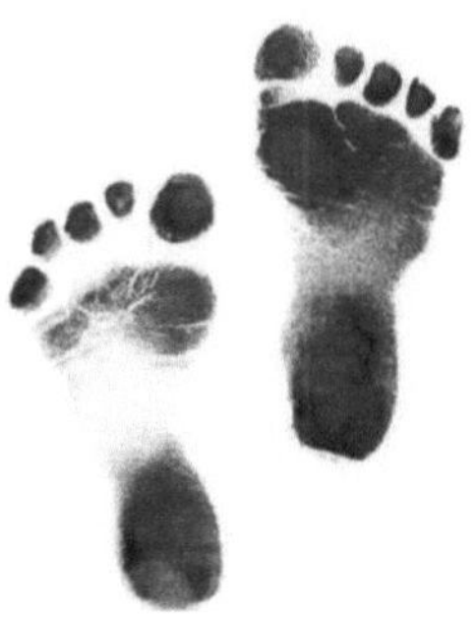

Fig. 16: Representación de la huella ecológica

El problema más grave que afecta a los bosques del mundo es su desaparición o **deforestación**, que se define como la destrucción temporal o permanente de la población vegetal con fines agrícolas o de otro tipo. Cuando los bosques se destruyen, se pierden las valiosas contribuciones que hace al ambiente o a las personas que dependen de ellos.

Con la deforestación aumenta la erosión del suelo y disminuye su fertilidad. El incremento de la sedimentación en ríos y arroyos a causa de la erosión del suelo daña los ecosistemas acuáticos al reducir la penetración de la luz solar, cubrir organismos acuáticos, llevar contaminantes tóxicos insolubles al agua.

La erosión descontrolada del suelo, en especial en pendientes y laderas deforestadas, causa flujos de lodo que ponen en peligro vidas humanas. En regiones más secas la deforestación propicia la formación de desiertos, y la pérdida de la diversidad biológica, en particular, de muchas especies tropicales con distribución geográfica muy limitada.

La deforestación induce cambios climáticos regionales y globales. Los árboles liberan cantidades sustanciales de humedad al aire, esta humedad regresa a tierra en el ciclo hidrológico. Cuando un bosque grande desaparece es factible que la precipitación decline, las sequías se vuelvan comunes en esa región y la temperatura se incrementa un poco, al haber menor enfriamiento evaporativo por transpiración.

La pesca excesiva y la cacería furtiva afectan el equilibrio entre los diferentes niveles tróficos que se encuentran en los ecosistemas y que posibilitan la interconección entre ello, motivo por el cual la biodiversidad se ve afectada. En el caso de las aves, por ejemplo, debido a la desaparición de los bosques, a la cacería indiscriminada, la recolecta y comercio de diferentes aves, en nuestro país 40 especies han sido incluidas en el libro rojo de aves en peligro de extinción; tal es el caso del Catey, el Gavilán Colilargo, La Grulla, etc., que necesitan urgentes medidas de protección y manejo de sus poblaciones, para que no les suceda igual que al Guacamayo cubano, extinto a finales del siglo XIX.

De igual manera en la pesca, el incremento del esfuerzo pesquero, provocó la pesca desmesurada de algunos de los más importantes recursos (Biajaiba, Camarones, Lisas, Caballerote-Cubera, Cherna Criolla) y afectó la viabilidad y estabilidad de las poblaciones. El uso de artes de pesca nocivos, como los chinchorros, provocan serios daños a los pastos marinos y arrecifes de parches donde se desarrollan estas especies.

Consideraciones finales

El cambio climático es uno de los problemas ambientales globales que se manifiesta también en nuestro territorio, de forma particular las mayores afectaciones se materializan en las costas cubanas.

Los problemas ambientales en Cuba presentan particularidad que se relacionan con la su ubicación geográfica y las características del territorio, no obstante, como mundialmente ocurre, interactúan entre sí y en general traen como consecuencia la pérdida de la biodiversidad cubana.

Dentro de los problemas que afectan la biodiversidad cubana se encuentran los provocados por el hombre debido, entre otros factores, al insuficiente conocimiento del impacto negativo que pueden acarrear sus acciones.

Comprueba tus conocimientos

1. El cambio climático es un hecho, sin embargo la mitigación y adaptación son estrategias que pueden realizarse desde el nivel estatal hasta el individual. Ejemplifica la afirmación.
2. Entre los problemas que pueden provocar la pérdida de la biodiversidad cubana existe una estrecha relación debido a la integridad que caracteriza a la misma.

   Cita ejemplos de tu localidad que ilustren la afirmación.

Elabora pancartas con mensajes dirigidos a la protección de la biodiversidad que caracteriza tu comunidad.

3. Las EEI no solamente pueden afectar la biodiversidad de manera general, de forma particular también pueden afectar la salud humana y la calidad de vida. Realiza un listado de estas especies que se localicen en los alrededores (previamente determinado) de tu centro de estudios y plantea, para cada una de ellas, las medidas que pondrías en práctica para su control y/o erradicación. Te recomendamos consultar el listado de las 100 especies de plantas y de animales que se consideran más agresivos para Cuba conectándote al Portal del CITMA; para el caso de las plantas puedes hacer una búsqueda en Bissea 6 (NE 1) - Febrero 2012, boletín arbitrado que publica el Grupo de Conservación del Jardín Botánico Nacional de Cuba en la siguiente dirección: bissea@fbio.uh.cu.

Desafíos

1. Las EEI son especies que constituye una de las principales causas de la pérdida de la diversidad biológica cubana, sin embargo en muchas ocasiones resulta necesario su protección. ¿Cómo explicas esta contradicción?

2. Localiza en tu municipio o área cercana a la escuela, un huerto o parcela productiva, con el propósito de tener

un acercamiento a los eventos ocurridos en ella que se relacionen con la huella ecológica.

Visítala con un grupo de compañeros: realiza observaciones y lista los datos que obtengas; considera además los que obtengas de entrevista a los trabajadores y a los ejecutivos.

En la lista realizada, subraya aquellos que pueden ser considerados, cuando se desee calcular la huella ecológica.

3. La fragmentación de hábitat no siempre afecta a la biodiversidad, en ocasiones propicia el endemismo. ¿Qué explicación puedes dar a esta afirmación?

El uso sostenible de la biodiversidad cubana y su relación con las medidas de conservación y protección

Las áreas protegidas tiene como esencia la protección in situ de especies de interés desde diferentes puntos de vista, sin embargo la protección de determinadas especies resulta insuficiente a pesar del esmerado trabajo que se realice en un área protegida determinada ¿por qué?

A esta y a otras interrogantes podrás darle solución cuando te adentres en el entramado de problemas y desafíos que entraña la protección de la biodiversidad y su uso sostenible.

Te invitamos a continuación que centres tu atención en conocimientos que te serán de gran utilidad en tu desarrollo futuro como ciudadano entre los que se encuentran los siguientes:

- La conservación *in situ* y *ex situ*.
- Estado de conservación de los principales ecosistemas cubanos.
- Tendencias en la conservación de la biodiversidad de especies cubanas.

La biología de la conservación es la ciencia que aplica los principios de la biología, fundamentalmente la ecología, la genética y la biología evolucionista, para mejorar el bienestar y mantenimiento de la diversidad de la vida sobre la Tierra.

La sostenibilidad es la clave de la conservación, pues la vida y el desarrollo sustentables estimulan el bienestar ecológico y de la humanidad a largo plazo. Lo expresado posibilita comprender que los componentes de la sostenibilidad de los recursos biológicos tienen relación con la densidad demográfica, la ecología, la economía, y lo sociocultural.

Recuerda que...

El desarrollo sostenible significa satisfacer las necesidades del presente sin comprometer la capacidad de las futuras generaciones para satisfacer sus propias necesidades.

La sostenibilidad tiene cuatro características esenciales:

- La presencia de diversas comunidades con riqueza de interacciones comunitarias.

- La existencia de poblaciones relativamente estables que permanezcan dentro de la capacidad de carga del ambiente.
- El reciclado y uso eficiente de las materias primas.
- El aprovechamiento de las fuentes de energía renovables.

El interés por los problemas que aborda esta ciencia lleva a trabajar mancomunadamente a los ecólogos, administradores de la vida salvaje (ej: guardaparques), genetistas, botánicos y zoólogos, pero la conservación efectiva también depende de la experiencia y el apoyo de otras personas ajena a la biología, como son los funcionarios del gobierno que establecen las políticas y las leyes ambientalistas, los abogados que ayudan al cumplimiento de las leyes que protegen a las especies y sus hábitats, así como de los economistas ecológicos que ayudan a establecer el valor de los servicios ecosistémicos.

Además los científicos sociales investigan las formas en que diversos grupos sociales utilizan el ambiente, así como las normas bioéticas para la interacción de la humanidad con el ambiente natural y los educadores inculcan el amor a la naturaleza a las nuevas generaciones y forman en ellos actitudes proambientalistas de preservación, lo cual es fundamental pues las acciones individuales de toda la población determina, en última instancia, si ha tenido éxito el esfuerzo y los recursos desplegados para lograr la preservación.

Las vías que ha planteado la biología de la conservación para el logro de estos fines incluyen conservación in situ (dentro del medio natural de la especie donde realiza su vida salvaje) y ex situ (fuera del medio natural, en zoológicos, jardines botánicos y colecciones).

Conservación in situ.

Esta es la que permite la preservación de los ecosistemas salvajes. Esta es la mejor manera de preservar la diversidad biológica. Consiste en el establecimiento de parques y reservas, para propiciar la conservación de la diversidad biológica en el medio silvestre.

Una elevada prioridad en esta es la identificación y protección de sitios de gran diversidad biológica, sin embargo, dada la creciente demanda de tierra, la conservación in situ no puede garantizar la preservación de todos los tipos de diversidad.

¿Sabías que...?

En Cuba han sido identificadas más de 200 áreas protegidas con valores para ser manejadas con fines de conservación bajo alguna de las categorías de manejo establecidas para Cuba, de las cuales un número superior a 70 son de significación nacional y más de 130 de significación local. Esto representa aproximadamente el 20% del territorio nacional, incluyendo la plataforma insular marina hasta la profundidad de 200 m, quedando bajo cobertura del Sistema Nacional aproximadamente el 17% de la parte terrestre y el 25% de la plataforma marina.

Las categorías de manejo para las áreas son: reserva natural, parque nacional, reserva ecológica, elemento natural destacado, reserva florística manejada, refugio de fauna, paisaje natural protegido, y área protegida de recursos manejables.

De las áreas protegidas aprobadas, la categoría que abarca mayor superficie es la de Área Protegida de Recursos Manejados, que en algunos casos incluye Parques Nacionales, u otras categorías de manejo de mayor nivel de restricción. En estas áreas se cuenta con un alto número de especies autóctonas y amenazadas: más del 92% de las especies de vertebrados autóctonos (exceptuando peces dulceacuícolas), y más del 89% de los anfibios, reptiles, aves, mamíferos y peces dulceacuícolas amenazados.

La protección y vigilancia en las áreas protegidas corre a cargo del Cuerpo de Guardabosques, teniendo en cuenta que los principales valores del patrimonio natural del país se encuentra en estos sitios, y el Servicio Estatal Forestal, encargado de la política forestal y del financiamiento de las actividades de manejo que se realizan en las áreas protegidas terrestres.

Aplicación práctica...

Las Zonas Bajo Régimen Especial de Uso y Protección (ZBREUP), son áreas legalmente establecidas en las cuales las actividades pesqueras se rigen por disposiciones especiales. Las ZBREUP contribuyen a la protección y conservación de la biodiversidad, pues constituyen un refugio natural de manera temporal o permanente para un gran número de especies marinas durante su ciclo de vida, además de que constituyen áreas donde se reproducen, alimentan y desarrollan, en sus primeras fases del ciclo de vida los principales grupos comerciales. Estas promueven el desarrollo de planes de acción para el manejo integrado de los recursos marítimos costeros, así como los ecosistemas que ellos representan.

La conservación *in situ* también comprende la restauración de hábitats dañados o destruidos.

Las tierras perturbadas, como un bosque talado o una playa destruida por el turismo, pueden recuperarse y ser convertidas en ecosistemas naturales con altos niveles de diversidad biológica, como era originalmente o similar. Estas acciones corresponden a la restauración.

La restauración ecológica es un proceso complicado que requiere planeación avanzada y el estudio de las condiciones del lugar, incluidas especies nativas y exóticas que existen ahí en la actualidad. Durante el proceso de restauración, suelen introducirse especies nativas, mientras que las importadas se eliminan hasta donde sea posible.

Mediante estos procedimientos se establece el hábitat para la vida silvestre, pero tiene beneficios adicionales, como la regeneración del suelo dañado por la agricultura o la minería. Entre sus desventajas se incluyen la cantidad de tiempo que se requiere para restaurar la zona y el costo.

Aplicación práctica…

En muchas playas se ha diagnosticado un retroceso de la línea de costa a un ritmo anual bastante acelerado. Trabajos de restauración de playas se están desarrollando en numerosos sitios del país, basados en información disponible de experiencias en los procesos de vertimientos de arena desde fondos marinos cercanos, y sumando otras prácticas que se fundamentan en el cultivo y siembra de las plantas fundamentales en la estabilización y restauración ecológica de la vegetación de dunas, a partir del perfeccionamiento de tecnologías similares a las aplicadas mundialmente y en la optimización de esfuerzos y recursos aunadas a la comunicación social y la educación ambiental.

La restauración de las playas incluye acciones de rehabilitación de las dunas, mediante el reacomodo de la arena nativa que se encuentra en áreas interiores estables de la post-duna, a donde es llevada por el viento; se lleva a cabo también la construcción y montaje de pasarelas elevadas para facilitar el acceso de los bañistas a la playa y proteger la duna recién creada y se realiza la siembra de vegetación para inmovilizar la arena.

La **conservación ex situ** implica conservar la diversidad biológica en ambientes controlados por el ser humano, en un intento por salvar especies que se encuentran al borde de la extinción. La reproducción de especies en cautiverio en zoológicos, acuarios, jardines botánicos y el almacenamiento de semillas de vegetales genéticamente diversas son ejemplos de esto.

Es posible colectar huevos del medio silvestre, o capturar los pocos animales restantes de una especie e inducir su reproducción en zoológicos y otros entornos de investigación, empleando técnicas especiales como la inseminación artificial, la fertilización in vitro, la transferencia de embriones entre especies distintas o maternidad sustituta, e incluso la clonación, para incrementar el número de descendientes que se logran.

En Cuba existe una Red Nacional de Herbarios que difunde buenas prácticas para la realización de las funciones de una colección vegetal preservada, estando representadas muchas provincias. También existen más de un centenar de colecciones zoológicas en instituciones con intereses y prioridades muy diferentes. El incremento discreto pero continuo de estas colecciones ha permitido que las mismas posean una representatividad de casi el 50% de las especies de la fauna registradas para el archipiélago. Además existe una Red Nacional de Jardines Botánicos con un funcionamiento estable y que tiene a su cargo la implementación de la Estrategia Nacional para la Conservación de Especies Vegetales.

Aplicación práctica

Los Jardines Botánicos desempeñan una importante labor en la conservación de las especies vegetales para la protección y manejo de la biodiversidad a través del diseño y aplicación de planes para la recuperación de especies silvestres amenazadas, de esta forma el Jardín Botánico Nacional como Institución coordinadora de la Red Nacional de Jardines Botánicos de Cuba lleva a cabo, junto a toda la red, el Proyecto "Los Jardines Botánicos de Cuba en la Conservación de la Diversidad Biológica Vegetal", en el cual uno de sus resultados es la actualización taxonómica y localización en el territorio nacional del 50% de las especies que se han registrado como amenazadas

Sabías que...

Harpalyce macrocarpa (Figura 18) es una especie endémica de las serpentinas de Santa Clara que se desarrolla en bosques de galería. Actualmente se encuentra En Peligro Crítico debido, principalmente, a la degradación de su hábitat. El proyecto de conservación que se lleva a cabo por especialistas de la Universidad

Central "Marta Abreu" de Las Villas (UCLV) propone analizar el estado actual de sus poblaciones, así como, involucrar a las comunidades y estudiantes universitarios en acciones de conservación.

En el transcurso del proyecto, se logró involucrar directamente en la conservación de la especie a los principales usuarios de la misma, que se unieron, en algunos casos a la toma de datos. Este proyecto ha contribuido, además, al entrenamiento de estudiantes de Biología de la UCLV en labores de conservación de especies amenazadas. Para su ejecución, el proyecto de conservación de *Harpalyce macrocarpa* ha contado con el apoyo de Planta! - la iniciativa para la conservación de la flora cubana.

Fig. 18: Flor de *Harpalyce macrocarpa* donde puede compararse su tamaño con relación al del insecto.

Como puedes apreciar son disímiles los esfuerzos que se realizan para la conservación de nuestra biodiversidad.

¿Cuál es el estado de conservación de los principales ecosistemascubanos y qué características posibilitan distinguirlos con vistas a su conservación y uso sostenible?

El conocimiento de los ecosistemas y su protección constituye, indudablemente, un gran reto para cualquier nación, aún más para los países en vías de desarrollo. La comunidad científica internacional ha reconocido como los principales ecosistemas amenazados, a los forestales, marinos, costeros, agrícolas, sistemas de agua dulce y las praderas.

¿Sabías que...?

La vulnerabilidad de los ecosistemas está dada por la propensión a sufrir afectaciones negativas en caso que ocurra un   evento peligroso y la falta de respuesta y adaptación del mismo.

Los ecosistemas de tipo mediterráneo se encuentran entre los más vulnerables al cambio climático debido al incremento de la temperatura, al cambio en el volumen de las precipitaciones, a la mayor frecuencia de las sequías extremas y al mayor riesgo de incendios.

Ya se han observado reducción del área de distribución de algunas especies, disminución de la salud y ritmo de crecimiento de las especies arbóreas dominantes y reducción de distribución de algunas especies, además de la disminución de la salud y ritmo de crecimiento de especies arbóreas dominantes, así como aumento del riesgo de erosión y desertificación.

Sabías que...

> El enfoque por ecosistemas, según el Convenio de Diversidad Biológica, se basa en la aplicación de metodologías científicas adecuadas, centradas en los niveles de organización biológica, que comprenden la estructura esencial, procesos, funciones e interacciones entre organismos y su medio ambiente en el biotopo que ocupa el ecosistema objeto de protección.
>
> En el enfoque por ecosistemas se reconoce que los seres humanos, con su diversidad cultural, son un componente integral de muchos ecosistemas.

Nuestro país, en su condición de archipiélago, formado por un mosaico de ecosistemas fragmentados, cuenta con ecosistemas emblemáticos tanto por su importancia para la conservación de la diversidad biológica que albergan, como por los servicios ecosistémicos que brindan como ya hemos estudiado y por el aporte económico a las finanzas nacionales. A continuación te presentamos sus características e importancia ecológica y económica, lo cual te hará comprender la necesidad de su conservación.

Entre los más importantes ecosistemas marinos, desde estos puntos de vista, se encuentran los humedales, los arrecifes coralinos, los pastos marinos, los manglares y las playas.

Humedales

En el archipiélago cubano, los humedales ocupan un lugar destacado por la cantidad y diversidad de tipos que se presentan. En tanto los humedales interiores son de los ecosistemas cubanos que menos se han documentado en su extensión, diversidad biológica y funcionamiento, aunque están identificados como hábitats diversos, complejos, productivos y muy vulnerables (Figuras 19).

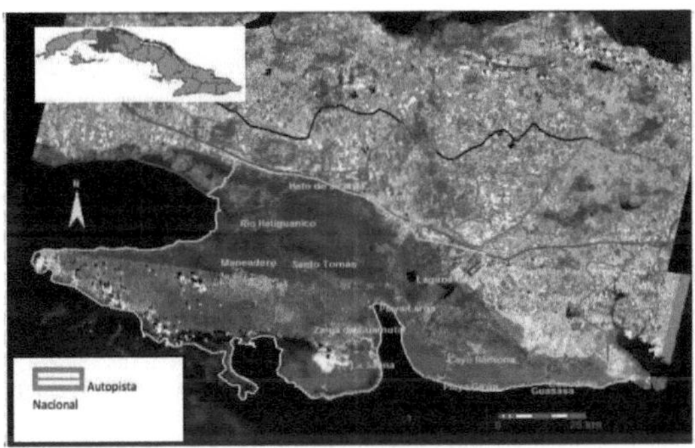

Fig. 19: Humedal de la Ciénaga de Zapata.

El humedal Ciénaga de Zapata es el mayor y más importante de Cuba y el Caribe Insular, e incluso ha sido reconocido como uno de los sistemas de ciénagas más grandes del mundo, destacando la complejidad de 37 tipos de paisajes, con 1370 taxones vegetales infragenéricos, incluidos en 708 géneros y 155 familias, con un endemismo de 11%, alto para Cuba y para el Caribe.

En la Ciénaga de Zapata, declarada como Reserva de la Biosfera en el año 2000 y sitio Ramsar en el 2001, además del área que podría perderse por la elevación del nivel del mar (al igual que ocurriría en otros humedales), se han identificado ocho especies de plantas invasoras con alta incidencia y agresividad en los ecosistemas del territorio: *Melaleuca quinquenervia* (cayepút), *Dichrostachys cinérea* (marabú), *Acacia farnesiana* (aroma), *Casuarina equisetifolia* (casuarina), *Mimosa pigra* (weyler), *Myriophyllum pinnatum* (miriofilum), *Leucaena leucocephala* (Ipil-ipil) y *Oeceoclades maculata* (lengua de vaca).

Entre los animales se destaca la *Claria gariepinus* (claria) como especie introducida en Cuba como fuente de alimento y que al escapar del control adecuado, por su gran voracidad está afectando especies endémicas al igual que *Sus scrofa* (puerco jíbaro) y *Pterois volitans* (pez león). Entre las especies que pueden verse afectadas se encuentran varias endémicas como el Manjuarí, la Ferminia, el Cabrerito de la Ciénaga y la Gallinuela de Santo Tomás, entre otras.

Varios son los humedales que en Cuba han sido declarados como sitios Ramsar con el objetivo de proteger las aves migratorias lo que evidencia la importancia del país para la protección de la biodiversidad más allá de nuestras fronteras.. (Figura 20)

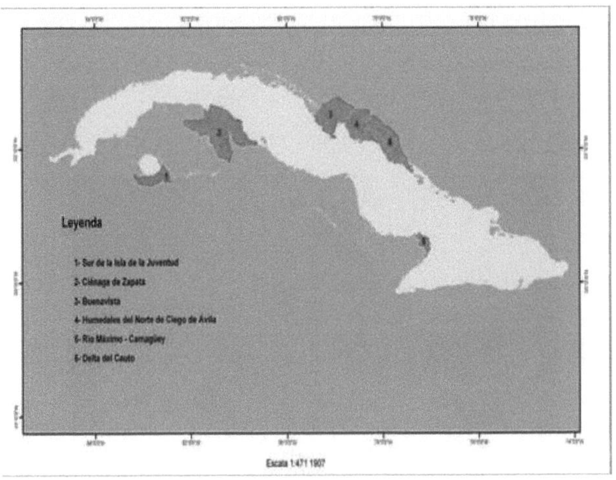

Fig. 20: Sitios Ramsar declarados en el territorio cubano.

Arrecifes coralinos

Los arrecifes son estructuras geológicas de origen biológico, sólidas, masivas y con formas variadas que cubren la matriz rocosa de algunos fondos marinos tropicales y subtropicales. Estos son creados por organismos fijados al fondo que forman esqueletos pétreos de carbonato de calcio principalmente.

Estos últimos se desarrollan en condiciones ambientales relativamente estables de los mares tropicales: aproximadamente 36 partes por mil de salinidad (que es la típica del océano abierto), temperaturas entre 20 °C y 28 °C, poca materia orgánica en suspensión, buena iluminación (por tanto no crecen a gran profundidad, aunque se encuentran algunos hasta 80 m), niveles de nutrientes relativamente bajos, y una fuerte circulación y oxigenación del agua (Figura 21).

Fig. 21: Arrecife coralino.

Los arrecifes coralinos tienen gran valor ecológico, ellos representan el área vital de refugio, alimentación o reproducción de gran cantidad de especies. En muchos países constituyen la base de la mayoría de las pesquerías tropicales. Aun cuando muchas especies habitan gran parte de su vida y se capturan en otros hábitats, la mayoría tiene cierta vinculación con los arrecifes durante alguna etapa de su vida. Se estima que los arrecifes poseen gran valor intrínseco por su carácter único, ya que a pesar de su limitada extensión sobre el océano, albergan la cuarta parte de las especies del mundo y poseen la mayor diversidad entre los ecosistemas marinos.

Por otra parte, son extraordinariamente atractivos para el turismo por su extraordinaria belleza. La arena de que se nutren las playas y parte de la que se usa en las construcciones, es fabricada por los organismos del arrecife. Tales estructuras brindan una efectiva protección a las costas (sus construcciones, poblados, etc.) contra la erosión que produce el oleaje.

Sabías que...

Cuba posee uno de los ecosistemas de arrecifes coralinos más extensos del Atlántico Occidental. El 98 % de los aproximadamente 3 200 km² del borde de la plataforma marina de nuestro país está orlado por arrecifes y en amplias áreas sobre la misma plataforma se encuentran también, arrecifes de parche y cabezos; 3 215 km son arrecifes de borde y 750 km, crestas arrecifales. En el sur central y el noroeste de Cuba contamos con bancos arrecifales oceánicos. En el Golfo de Guacanayabo existen singulares bancos arrecifales de plataforma, constituidos por densos enrejados de corales de distintos géneros que se desarrollan sobre bases rocosas rodeadas de fondos fangosos.

Los arrecifes coralinos cubanos están sufriendo un continuo deterioro desde finales de los años ochenta. Este proceso se refleja en el cubrimiento vivo de coral, como indicador biológico de la condición de este ecosistema.

Saber más...

Las regiones más importantes de formaciones coralinas se encuentran en la zona centro-occidental de la isla de Cuba, con el archipiélago Sabana Camagüey, que alberga una de las barreras de coral más importantes a escala mundial.

Pastos marinos

Entre los arrecifes y la costa de la isla principal, y las costas de los miles de cayos que conforman nuestro archipiélago, se encuentra el ecosistema de pastos marinos que ocupa más de la mitad de los fondos de la plataforma insular cubana donde predominan las angiospermas o fanerógamas marinas. Este ecosistema reviste gran importancia como protector de la zona costera, hábitat de especies comerciales y fuente de alimento, pero estudios recientes demuestran también su importancia en el ciclo del carbono en Cuba (Figura 22).

Fig. 22: Pastos marinos.

Estos ecosistemas actúan como estabilizadores del fondo, previenen la erosión de los arrecifes, las playas, y en muchas zonas, son formadores de gran parte de las arenas de las playas, gracias a que en ellos habitan las algas calcáreas; además, son uno de los principales productores de arena orgánica, así como muchas especies, algunas de uso comercial (langosta, peces, camarones), o conservacionista (manatí, tortuga verde), amortiguan la energía del oleaje protegiendo de la erosión a las costas y retienen partículas suspendidas en el agua protegiendo así a los arrecifes, entre otras importancias.

Para saber más....

En el caso de las macroalgas marinas que se localizan en los pastos marinos no se puede hablar de endemismo cubano, pues la distribución de las especies es a nivel regional, del Caribe y el Golfo de México.

Entre los pastos y los manglares asimilan el 40 % del dióxido de carbono que se emite a la atmósfera en Cuba, de ahí la importancia de estos ecosistemas que contribuyen a la disminución de la concentración de este gas y producen oxígeno por lo que intervienen en la regulación del clima global.

Desde la década de los 80 del pasado siglo el número de praderas marina del planeta, como también se les conoce, han disminuido su extensión de manera parcia en algunas regiones. Entre las principales causas de su declive destacan las perturbaciones climáticas, geológicas, biológicas y el deterioro de las zonas costeras derivado de la actividad humana, ejemplo de ello es la erosión que sufren debido al oleaje provocado por tormentas o huracanes, así como las inundaciones, que producen arrastre de agua dulce con gran cantidad de sedimentos, los que provocan cambios bruscos en la salinidad y disminución de la disponibilidad de luz con la que realizan la fotosíntesis; también se han observado variaciones debido al incremento de la temperatura superficial del agua, del nivel medio del mar y la acidificación del agua de mar.

Manglares

Ocupan el 5,1 % del territorio nacional y están presentes en más del 50 % de las costas, brindando importantes servicios ecosistémicos a los seres humanos, tanto desde el punto de vista ecológico, como de protección costera a asentamientos humanos, áreas de cultivos que garantizan seguridad alimentaria y otros objetivos de interés económico. Constituyen la primera barrera frente a las penetraciones del mar y el efecto del cambio climático; sin embargo, el 25 % ha sido evaluado como con salud baja, lo cual tiene una gran importancia para la implementación de planes y acciones de restauración ecológica como medida de adaptación al cambio climático (Figura 23).

Fig. 23: Manglar.

En la estructura de los mangles incide mucho la acción de los huracanes y tormentas tropicales que afectan a nuestro territorio.

Las raíces sumergidas de los mangles sirven de sustrato y refugio para las etapas juveniles a numerosos invertebrados (langostas) y peces. Entre los primeros prevalecen los crustáceos; las esponjas, que son hospederos de otros numerosos organismos; los moluscos, algunos de ellos comerciales, como el ostión; las ascidias, algunas de importancia para la producción de medicamentos; los celenterados, las algas epífitas y muchas especies de peces, los que en su mayoría forman parte de las pesquerías que se realizan en otros hábitats. Estos ecosistemas aportan energía al hábitat acuático, mediante sus hojas, ramas y raíces, las cuales pasan a formar parte del detrito acumulado en los sedimentos.

Los manglares protegen las costas y otros hábitats de la plataforma de la erosión que provoca el oleaje, los vientos y las corrientes costeras; filtran los contaminantes y evitan que lleguen a los arrecifes coralinos.

Los manglares son ejemplos de bosques adaptados a la salinidad y constituyen una formación de altos recursos naturales, tanto por sus productos forestales para leña y carbón, como por los productos forestales no maderables, como el tanino, sustancia producida por el mangle rojo y utilizada en la industria de las pieles, o por la alta productividad que presenta para la producción apícola. El manglar forma parte de los humedales y es también nuestra frontera natural por excelencia, hábitat de un sinnúmero de especies marinas en sus primeros estadios de vida y refugio de aves.

Aproximadamente el 30 % de los manglares de Cuba está siendo afectado por el incremento de la salinidad a la que están adaptados y a la disminución de los nutrientes, como resultado del represamiento; la contaminación y la deforestación no sostenible; la acción abrasiva del mar sobre las costas; la acumulación de arena que recubre las raíces; la disminución de las precipitaciones y los huracanes, entre otras causas.

De la historia...

Desde el siglo pasado, los emigrantes españoles explotaban los bosques de *Conocarpus erecta* (yanales), y más tarde esta práctica fue continuada por los habitantes de las zonas costeras. Se sabe que en las zonas de manglares se ha realizado históricamente la pesca de ostiones, camarones, y peces de escamas, así como la captura de cocodrilos para la venta de sus pieles y en un menor grado se utilizaba para la producción de miel de abeja.

Aplicación práctica

Entre los ecosistemas marinos que hemos estudiado se evidencia la relación ecosistémica que entre ellos existe, por ejemplo:

- Muchas especies de peces de los arrecifes, cuando son juveniles, encuentran protección entre las raíces de los mangles y también alimento en los seibadales.

- Ante los huracanes, la primera barrera protectora que posee nuestro archipiélago lo constituyen los arrecifes que aminoran el impacto y fuerza de las grandes olas a lo que también contribuyen los seibadales por la fricción del agua en ellos; después los bosque de mangle aminoran aún más la fuerza de los vientos y la penetración del mar y la entrada de la cuña salina en épocas de sequía.

- De manera inversa cuando ocurren fuertes lluvias, las lagunas costeras, situadas ante de los mangles y los manglares aminoran la contaminación de los mares con los sedimentos que arrastra el agua. Donde no es así, la fotosíntesis de los pastos marinos se afecta por la turbidez del agua y pueden proliferar mayor número de algas en los arrecifes limitando el desarrollo de estos.

Playas

El origen de las playas es variado según sea la fuente que aporta la arena. Estas acumulaciones son frágiles y aunque en muchos casos su erosión acelerada se debe al mal manejo, también se produce erosión por causas naturales como la elevación del nivel del mar y el impacto de los huracanes entre otros.

Estos hábitats son quizás los de menor diversidad biológica en la plataforma cubana, debido a su homogeneidad física, su baja bioproductividad y elevada turbulencia. No obstante, en este biotopo habitan numerosos invertebrados que se entierran en la arena o están relacionados con esta por otros mecanismos. Estudios realizados demuestran que la pérdida de las arenas, elemento que tipifica este ecosistema, influye significativamente en la densidad poblacional de la Tortuga Verde la que anida, en su etapa reproductiva, en las playas en que nacieron, por lo que al perderse las mismas por el incremento del nivel del mar pierden el lugar de nidificación. (Figura 24) .

Fig. 24: Ecosistema de playa.

Su mayor importancia en Cuba se vincula al turismo de playa, que es hoy una de las principales actividades económicas del país. La conservación de este biotopo depende de la protección de los ejemplares productores de arena, como los corales, las algas calcáreas, los moluscos, los equinodermos, los poliquetos, etc., que habitan en los arrecifes y en los pastos marinos.

En las playas, las principales afectaciones ambientales han sido provocadas por el inadecuado uso de la zona costera: invasión del litoral por el urbanismo, la deforestación y la construcción de viales sobre la misma línea de costa, la siembra de especies no compatibles con este frágil ecosistema, como es el caso de las casuarinas, y otras.

Bosques

Los bosques cubren un tercio de la superficie de la Tierra y se estima que contienen dos tercios de todas las especies terrestres conocidas. Los ecosistemas forestales también proporcionan una amplia gama de bienes y servicios.

En los últimos 8 000 años, alrededor del 45 % de la cubierta original de los bosques de la Tierra se ha modificado; la mayor parte, a causa del desbroce durante el siglo pasado (Figura 25).

Fig. 25: Ecosistemas de bosque.

En Cuba hay distintos tipos de bosques: pluvisilva, bosque nublado, siempreverde, semideciduo, de ciénaga, de galería o ribereño, de mangle, pinares.

En estos hay un predominio de árboles y presencia de arbustos y herbáceas que generalmente exhiben una alta diversidad de flora y fauna con elevado endemismo.

Los bosques pueden alcanzar alturas variables. Sus recursos forestales son valiosos y verdaderos sitios de patrimonio natural. Se presentan en la Sierra Maestra, Sierra de Imías y

Sierra del Escambray; en las Sierras de Nipe y Cristal, cuchillas de Moa, Toa y Baracoa, los pinares de Mayarí, en zonas costeras, a orillas de ríos y arroyos.

Extensos territorios de estos bosques han sido modificados por la utilización de los recursos forestales que albergan, dados por valiosas especies maderables.

De la historia….

Las propias características generales de los ecosistemas de montaña y a la compleja evolución geológica de estas regiones en el país, que le han conferido una gran variedad de substratos geológicos que condicionaron la elevada diferenciación paisajística de estos territorios. Un factor esencial en las características de los ecosistemas de montaña cubanos es que el hecho de que sean estos territorios los que mayor tiempo han permanecido emergidos durante su transformación, ha posibilitado que en ellos se haya producido una evolución más prolongada de su biota. Por esta razón las montañas de Cuba y particularmente las orientales, están considerados entre los centros de evolución, dispersión y endemismo más importantes de las Antillas.

Agroecosistemas

Estos son ecosistemas sometidos por el hombre a continuas modificaciones de sus componentes para la producción de alimentos y fibras. Estas modificaciones afectan prácticamente a todos los procesos ecológicos y abarcan, desde el comportamiento de los individuos, tanto de la flora como la fauna, y la dinámica de las poblaciones, hasta la composición de las comunidades, y los flujos de materia y energía.

La agroecología se sirve de los agroecosistemas como unidad de análisis o espacio de observación. Para esta ciencia se trata de una construcción social, producto de la coevolución de los seres humanos con la naturaleza, es decir, reflejo de relaciones socioecológicas, por lo que su definición no se ajusta exclusivamente a procesos de índole biológico, sino también considera los aspectos económicos y sociales (Figura 26).

Fig. 26: Agroecosistema.

Por ejemplo, un área de cultivo de café bajo especies forestales en una zona montañosa, es considerada como un ecosistema de bosque montano, donde una de las especies vegetales es el cafeto, y a partir de este supuesto, se estudian todas las interrelaciones existentes. Este conocimiento, atendiendo al criterio de los especialistas e investigadores, permite lograr una mayor productividad con un menor daño al medio ambiente.

¿A qué retos se enfrenta la agricultura cubana hoy en su entorno natural?

• El 76% de todas las áreas agrícolas son suelos poco productivos.

• El 14,9 % están afectados por la salinidad y/o sodicidad.

• El 70% tienen bajo contenido de materia orgánica.

• Se observa, como tendencia, disminución de las precipitaciones y elevación de las temperaturas. Disminuyen las diferencias entre las temperaturas diurnas y nocturnas.

• Aparición de plagas y enfermedades con alta letalidad y virulencia como consecuencia de la guerra biológica contra Cuba. Los factores anteriores explican por qué los ecosistemas agrícolas se encuentran deteriorados.

Los principales agroecosistemas son los pastoriles, los silvícolas, los cerealeros, los de frutos y granos.

La generalización y expansión de los agroecosistemas en el mundo ha tenido un gran impacto, fundamentalmente en la partición de los hábitats naturales en un primer momento y el consecuente aislamiento por fragmentación.

Saber más...

La formación de un par de centímetros de la capa superficial del suelo puede tardar más de 1000 años. Sin embargo, esa misma cantidad de tierra puede ser erosionada por un solo aguacero.

Ecosistemas urbanos

Son una comunidad de organismos vivos (microorganismos, animales, plantas, seres humanos) que interactúan en un ambiente no vivo, la ciudad. En la ciudad, las calles, edificios, puentes y otras estructuras, son algunas de las cosas "no vivas" que pueden albergar a su vez, microorganismos, animales y plantas. Cualquier sistema ecológico ubicado dentro de una ciudad o zona urbanizada está dentro de un ecosistema urbano (Figura 27).

Fig. 27: Ecosistemas urbanos.

Los ecosistemas urbanos ocupan solo un 2 % de la superficie terrestre del planeta; sin embargo, proporcionan hogar a más de la mitad de la población mundial.

La proporción de personas que viven en ciudades es mayor en los países desarrollados, como en Europa o América del Norte; más de dos tercios de la población de Europa, Rusia,

Japón o Australia viven en grandes ciudades. Es por ello que ya se han empezado a hacer estudios y se promociona que las personas no vivan todas en un mismo sitio, sino que se repartan por las cercanías de la ciudad de modo que también puedan disfrutar de la naturaleza y estar algo más tranquilos.

Si al ser humano le afecta vivir en una ciudad con altos índices de contaminación o que se encuentre superpoblada, a los microorganismos, las plantas o los animales les sucede lo mismo pero, aun así, algunos consiguen adaptarse al entorno.

En las ciudades se usa luz eléctrica, hormigón, alquitrán, ladrillo, metal, plásticos; materiales todos creados por el hombre. Los materiales condicionan el tipo de vida que albergan, por ejemplo, las superficies oscuras, como el pavimento, almacenan calor durante el día que liberan por la noche.

Como ya sabes las especies se interrelacionan unas con otras y con los factores del medio ambiente abiótico, entonces si ya conoces la situación de los principales ecosistemas cubanos **¿cuál es la tendencia de la biodiversidad de especies que albergan?**

En el epígrafe anterior analizamos los diferentes problemas que pueden afectar la diversidad biológica. En dependencia del número de individuos en el área, su distribución y otros factores, se determina el grado de amenaza en que se encuentra la especie.

Sabías que...

Una especie está amenazada en dependencia de la reducción de la población, de su distribución geográfica, del tamaño de las mismas y las localidades donde se encuentren, así como del número de generaciones con que cuenta una vez determinada. En dependencia de cómo estén acentuados estos criterios, los científicos han determinado diferentes categorías de amenaza: CR en peligro de crítico, EN en peligro y VU vulnerable. También existen otras categorías que como las anteriores, una vez determinadas contribuyen a tomar las medidas pertinente, entre las que se encuentran: NT casi amenazada, LC preocupación menor pues no existen indicios de amenaza una vez evaluadas, DD cuando los datos son insuficientes para determinar una categoría y NE cuando aún no ha sido clasificado. EX es la simbología que representa que el último individuo de la especie murió (Figura 28).

Fig. 28: Ruiseñor (EN.)

El que una especie se considere amenazada o en peligro de extinción indica que ya ha ocurrido un decrecimiento de la diversidad biológica, puesto que implica una diversidad genética gravemente disminuida. Las especies con mayor variabilidad genética tienen menos riesgo de desaparecer, pues la supervivencia depende de la diversidad genética.

¿Cuál es el estado de conservación de las especies terrestres y marina?

Como resultado del proceso de evaluación de las 201 especies de hongos y mixomicetes seleccionadas, se confeccionó una lista roja preliminar de 108 especies; las restantes 93 especies fueron categorizadas como de Preocupación Menor (LC). Las especies incluidas en la lista roja se categorizaron como: 20 en peligro crítico, 20 en peligro, 34 vulnerables, 13 casi amenazado y 21 con datos insuficientes para su clasificación.

Atendiendo a los estudios realizados en Cuba se han podido determinar los grupos de la flora y la fauna con diferentes grados de amenaza.

En los datos ofrecidos por la Lista Roja de la Flora de Cuba de 2016 se plantea que alrededor del 60 % de las extinciones en el planeta han ocurrido en islas y que debido a esa alarmante realidad son las islas uno de los lugares donde más urge realizar trabajos encaminados a frenar la actual crisis de la biodiversidad.

Ya conocemos que el archipiélago cubano posee una singular flora, que lo ubica como el territorio insular más rico en plantas a nivel mundial y la primera isla en número de especies por kilómetro cuadrado, pero diversas causas en el desarrollo evolutivo y los problemas ambientales antes descritos han contribuido a que un porcentaje significativo, dentro de las especies evaluadas (47%), tenga algún grado de amenaza en las diferentes provincias.

Las áreas que tienen mayor número de especies amenazadas se encuentran en las regiones de Sagua-Baracoa, Sierra Maestra, franja costera Bahía de Guantánamo-Maisí, Cordillera de Guamuhaya, Ciénaga de Zapata, Cordillera de Guaniguanico y Península de Guanahacabibes.

Con relación a la fauna existen 165 especies de vertebrados en Cuba que se encuentran en las diferentes categorías de especies amenazadas, de ellas 52 en peligro crítico, 42 en peligro, 63 vulnerables y ocho sin datos, donde se destaca el grupo de los reptiles.

En el caso de los invertebrados terrestres los moluscos constituyen el grupo más amenazado con 34 especies vulnerables y 31 en peligro crítico.

La mayor parte de las especies marinas y costeras de la región del Caribe que se consideran en peligro o vulnerables son vertebrados tetrápodos, principalmente mamíferos y reptiles marinos de ambientes estuarinos.

Las especies más preocupantes, a nivel regional, son el manatí antillano o del Caribe y varias especies de tortugas marinas que remontan su origen a 200 millones de años atrás y fueron comunes en la época de los dinosaurios, con los cuales convivieron. Las especies actuales son más recientes, su origen se sitúa entre 10 y 60 millones de años atrás, junto a algunas serpientes e iguanas marinas y son los únicos reptiles adaptados al agua de mar que aún existen.

Saber más…

El cocodrilo cubano está amenazado por diferentes factores: antrópicos (caza ilícita, introducción de especies exóticas invasoras), genéticos (hibridación) y ambientales (cambio climático).

En peligro de extinción se encuentran ballenas de la región caribeña y como especie amenazada, el Cobo (*Strombus gigas*) muy vulnerable por su indiscriminada pesca, entre otras especies, que por ser caribeñas, forman parte de nuestra biodiversidad debido a las interconexiones entre los ecosistemas.

Consideraciones finales

La biología de la conservación tiene como meta conservar la diversidad de los organismos vivos existentes en la Tierra al preservar las especies y fomentar la supervivencia de las poblaciones sanas, autosostenibles y genéticamente diversas dentro de las comunidades naturales, tanto por el bien de estos como por los beneficios que la diversidad biológica representa para la humanidad.

Comprueba tus conocimientos

1. Establece las diferencias entre la conservación in situ y ex situ, así como la finalidad común que poseen. Cita ejemplos representativos de cada tipo del país o de tu provincia.

2. En el texto del epígrafe se afirma que "la sostenibilidad tiene cuatro características esenciales". Argumenta cada una de ellas.

3. En cada uno de los ecosistemas cubanos su integridad depende en gran medida de la adecuada interrelación que se representa en la figura siguiente:

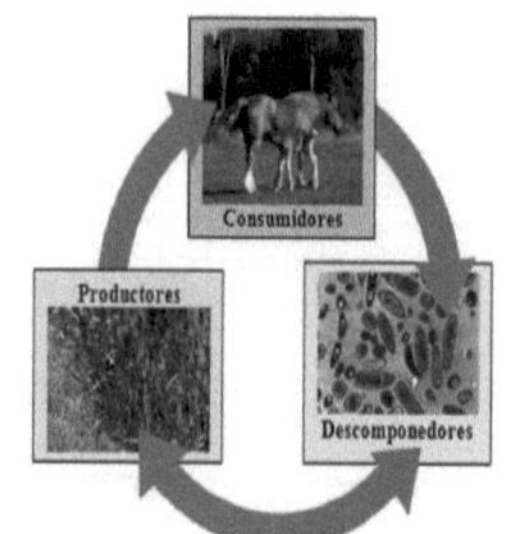

a. Selecciona uno de los ecosistemas y explica por qué la interrelación representada favorece la integridad ecosistémica.

b. Ilustra con ejemplos la importancia de su protección.

4. Teniendo en cuenta información que obtengas acerca del estado de la conservación de tu provincia o

localidad, diseña junto a tus compañeros algunas actividades a realizar en la comunidad, (matutinos, asambleas estudiantiles, reuniones de padres o en centros de la red escolar), que contribuyan a divulgar la información y favorezcan el desarrollo de sentimientos de amor y protección hacia la naturaleza.

Desafíos

1. Elabora un mapa conceptual donde se evidencie la interrelación entre varios de los ecosistemas estudiados desde el punto de vista paisajístico y conservacionista. (Te sugerimos tomes como centro uno de los ecosistemas y lo interrelaciones con otros.)

Medidas y retos actuales para la conservación de la biodiversidad y la seguridad alimentaria

En párrafos anteriores estudiamos como dentro de los ecosistemas se encuentran los agroecosistemas y los ecosistemas urbanos, en ellos especificamos que acarrean impactos negativos como la fragmentación del hábitat, pero que han resultado imprescindibles a lo largo de la historia de la humanidad: ¿cómo entonces continuar empleándolos en nuestro beneficio de manera sostenible?

Te invitamos entonces a centrar tu atención en los aspectos siguientes:

⬥ Medidas adoptadas por el Estado cubano. La agroecología.

⬥ El trabajo comunitario y la participación individual como vías para el desarrollo sostenible de la sociedad cubana.

Son diversas las medidas consideradas por el Estado cubano que protegen el medio ambiente y propician la elevación de la calidad de vida y precisamente las estudiaremos a continuación.

La biodiversidad es parte de nuestra riqueza nacional y como patrimonio natural posibilitará la seguridad alimentaria expresada en los lineamientos socioeconómicos de desarrollo del país. Hoy es un reto mantener los servicios de los ecosistemas para el bienestar humano y socioeconómico de nuestro pueblo, garantizando funciones tales como la protección de las tierras agrícolas y asentamientos humanos ante el cambio climático y eventos meteorológicos extremos, fuente de sustancias bioactivas para el desarrollo de la industria médico-farmacéutica, mantenimiento de una industria turística amigable con el ambiente y sostenible, entre otras. ¿Cómo lograr entonces la seguridad alimentaria?

La agroecología se presenta entre las más prometedoras para lograr la seguridad alimentaria de los cubanos, lo que no significa que en dependencia de los contextos locales se apliquen modalidades tradicionales cuidando siempre de minimizar el impacto negativo en el medio ambiente.

Entre las ventajas de las estrategias cubanas para el futuro, desde el punto de vista de la producción, de alimentos y en consecuencia la seguridad alimentaria, se encuentran:

- Obtener variedades con rendimientos superiores y estables.
- Lograr un mejoramiento genético con tendencias modernas mucho más eficientes, sin abandonar los sistemas convencionales de mejora y selección.
- Las biotecnologías no tendrán que ser más profundas en el manejo de la genética, la biología celular y molecular, sino, que necesitarán superar barreras sociales y monopolizadoras para ponerse al servicio del incremento de la seguridad alimentaria y de vida de todos los seres humanos, sustentados en principios éticos, conservacionistas y más que todo humanísticos.
- Estabilizar los rendimientos a través de la resistencia múltiple y la tolerancia a estrés abiótico.

No es posible hablar de eficiencia en la agricultura, sin una agroindustria fortalecida y diversificada que responda a las características de cada municipio, pues ésta además de garantizar un mercado seguro y estable para los productores, propicia la oferta de productos en periodos que no resulta eficiente producirlos en el campo.

De manera, que en nuestro país existen las condiciones para tener la agricultura que nos está solicitando la máxima dirección, si trabajamos fuerte y de manera integrada.

Sabías que...

El término agroecología ha llegado a significar muchas cosas, a menudo incorpora ideas sobre un enfoque de la agricultura más ligado al medio ambiente y más sensible socialmente, centrada no sólo en la producción sino también en la sostenibilidad ecológica del sistema de producción. En un sentido más restringido, la agroecología se refiere al estudio de fenómenos netamente ecológicos dentro del campo de cultivo.

En la agroecología está la idea que un campo de cultivo es un ecosistema dentro del cual los procesos ecológicos que ocurren en otras formaciones vegetales, tales como ciclos de nutrientes, interacción de depredador/presa, competencia, y comensalía también sucedan. La agroecología se centra en las relaciones ecológicas en el campo y su propósito es iluminar la forma, la dinámica y las funciones de esta relación. En algunos trabajos sobre agroecología está implícita la idea que por medio del conocimiento de estos procesos y relaciones los sistemas agroecológicos pueden ser administrados mejor, con menores impactos negativos en el medio ambiente y la sociedad, más sostenidamente y con menor uso de insumos externos.

Saber más...

La investigación agroecológica se concentra en asuntos puntuales del área de la agricultura, pero dentro de un contexto más amplio que incluye variables ecológicas y sociales. En muchos casos, las premisas sobre el propósito de un sistema agrícola difieren del enfoque que enfatiza la maximización del rendimiento y la producción, expuesta por la mayoría de los científicos agrícolas.

De la historia…

La agroecología tiene sus raíces en las ciencias agrícolas, en el movimiento del medio ambiente, en la ecología (en particular en la explosión de investigaciones sobre los ecosistemas tropicales), en el análisis de agroecosistemas indígenas y en los estudios sobre el desarrollo rural. Cada una de estas áreas de investigación tiene objetivos y metodologías muy diferentes, sin embargo, tomadas en un conjunto todas han sido influencias legítimas e importantes en el pensamiento agroecológico.

La idea consiste en desarrollar agroecosistemas con dependencia mínima en agroquímicos e insumos energéticos, enfatizando sistemas agrícolas complejos, en los cuales, las interacciones ecológicas y las sinergias entre los componentes biológicos proporcionan los mecanismos para que los sistemas agroecológicos subsidien su propia fertilidad del suelo, productividad y la protección de cultivos.

La agroecología a menudo se centra no solo en la producción sino también en la sostenibilidad ecológica del sistema de producción, en las relaciones ecológicas presentes en el campo y su propósito es favorecer la forma, la dinámica y las funciones de esta relación. En el desarrollo agroecológico el principio más importante utilizado para asegurar la autorregulación y sostenibilidad es la biodiversificación.

La agroecología moderna es una concepción holística y sistémica de las relaciones entre las sociedades humanas y las sociedades vegetales y animales de cada ecosistema, orientada la producción agraria en armonía con las leyes naturales.

El enfoque agroecológico considera a los ecosistemas agrícolas como las unidades fundamentales de estudio, y en estos sistemas, los ciclos minerales, las trasformaciones de la energía, los procesos biológicos y las relaciones socioeconómicas son investigadas y analizadas como un todo.

Por lo expuesto es entonces, objetivo fundamental de la agroecología, el permitir un entendimiento más profundo de la ecología de los sistemas agrarios, en función de favorecer aquellas opciones de manejo adecuados a los objetivos de una agricultura verdaderamente sostenible.

Saber más...

De forma general el desarrollo agrosostenible está sustentado, en el desarrollo de las labores agrícolas, a partir de que las mismas sean: socialmente justas, naturalmente sanas y económicamente viables.

- Se consideran actividades socialmente justas, cuando la organización productiva y los objetivos del bienestar social son compatibles con los valores culturales y éticos.

- Se consideran actividades naturalmente sanas, cuando el sistema de prácticas adoptado no utiliza agrotóxicos y mantiene los principios de conservación del medio ambiente.

- Se consideran actividades económicamente viables, cuando el sistema de prácticas adoptado y los recursos naturales en uso, producen una rentabilidad razonable y estable, con alta productividad y eficiencia.

Cualquier campo de cultivo, un conjunto de campos, una unidad agrícola y un paisaje, formado por diferentes unidades agrícolas, son ecosistemas que para su mejor estudio y entendimiento se le llama agroecosistema.

Al igual que todas las formas de agricultura, la agricultura ecológica no significa mantener un ecosistema en su forma natural. Necesariamente "agricultura" implica artificializar los ecosistemas naturales manteniéndolos en un nivel pionero, que permita una mayor acumulación de biomasa y por tanto en una alta productividad neta.

Reflexiona un instante…

La biodiversidad proporciona la base para el desarrollo de la agricultura ecológica, por ello la biodiversidad agrícola es un término que incluye todos los componentes de la biodiversidad, en genética, especies y niveles de ecosistemas, que son de importancia para la alimentación y la agricultura y que apoyan el desarrollo de los agroecosistemas.

La biodiversidad de especies incluye las especies de cultivo, de animales y otros componentes que apoyan la producción agrícola.

Recuerda que...

En la naturaleza resulta imprescindible asegurar el ciclo de los elementos para que las acciones del hombre resulten sostenibles; en ello intervienen las cadenas de alimentación y las tramas alimentaria que estudiaste en grados anteriores, así como la estrecha interdependencia entre los diferentes niveles ecológicos que aseguran la integridad de la misma.

Entre los componentes a nivel de especies que apoyan el desarrollo de los agroecosistemas se incluyen las lombrices y los hongos que contribuyen a la disponibilidad y al ciclo de los nutrientes necesario para las plantas a través de la desintegración y descomposición de los materiales orgánicos.

Además de las modalidades de agricultura antes expuestas, en general en el país existen diferentes medidas que van encaminadas a la protección de la DB y su uso sostenible. Algunas ya han sido objeto de estudio a lo largo del preuniversitario y de este capítulo, pero a continuación te relacionamos las más relevantes.

Entre las Organizaciones y políticas en función de la conservación y el desarrollo sostenible se encuentra elGrupo Nacional de Recursos Naturales. Este Grupo se diseñó para examinar cuestiones de corte estratégico, incluyendo los programas de desarrollo, que le permitan proyectar visiones integrales sobre los recursos naturales, con particular atención a los bosques, los suelos, las aguas, los recursos minerales y la biodiversidad en general. Está coordinado por el Ministerio de Ciencia, Tecnología y Medio Ambiente (CITMA), y lo integran ocho ministerios e instituciones vinculadas con el medio ambiente.

Con similar propósito se han creado foros, organismos, estrategias, programas y leyes nacionales e internacionales que promueven y establecen el uso sostenible de la diversidad biológica entre las que se encuentran:

<u>Ley 81 de Medio Ambiente de 1997 </u>que en su primer POR CUANTO, postula que:

> "El estado protege el medio ambiente y los recursos naturales del país. Reconoce su estrecha vinculación con el desarrollo económico y social sostenible para hacer más racional la vida humana y asegurar la supervivencia, el bienestar y la seguridad de las generaciones actuales y futuras. Corresponde a lo órganos competentes aplicar esta política.

> Es deber de los ciudadanos contribuir a la protección del agua, la atmósfera, la conservación del suelo, la flora, la fauna y todo el rico potencial de la naturaleza"

No obstante en el marco de la realidad internacional y cubana resulta necesario cuando la realidad lo exija, ajustar todas las leyes jurídicas que norman, entre otras, el comportamiento ciudadano y de forma particular aquellas que directa o indirectamente afecten la biodiversidad o favorezcan su protección y uso sostenible, sobre todo cuando se modifica la Carta Magna.

<u>El Programa Nacional sobre la Diversidad Biológica para el período 2015-2020</u>

Saber más...

> La República de Cuba, firmante del Convenio de Diversidad Biológica (CDB), aprobado en la Cumbre de la Tierra en 1992, Río de Janeiro, Brasil, se encuentra hoy enfrascada en la elaboración e implementación del Programa Nacional de Diversidad Biológica y su Plan de Acción, tomando como base los lineamientos del PCC, así como el Plan Estratégico del CDB 2011-2020 o también identificado como Metas de Aichi. Estas acciones se enmarcan en el Proyecto GEF-PNUD, Planificación de la Biodiversidad Nacional para el apoyo en la implementación del Plan Estratégico de la CDB 2011-2020 de la República de Cuba.

Los objetivos estratégicos específicos identificados para la biodiversidad están dirigidos a:

a) Armonizar e integrar los objetivos de conservación y uso sostenible de la biodiversidad en las políticas y estrategias de desarrollo del país, y en los procesos de adopción de decisiones a todos los niveles.

b) Promover la conservación de ecosistemas, hábitat, especies y genes, con énfasis en las áreas con pérdidas considerables de diversidad biológica, controlando las amenazas principales.

c) Mantener, restaurar y rehabilitar los ecosistemas a fines de incrementar su nivel de resiliencia, mejorar la provisión de bienes y servicios y por su rol en la adaptación y mitigación del cambio climático.

d) Identificar los impactos actuales o futuros que el cambio climático puede originar en la diversidad biológica del país, a fines de poder diseñar estrategias de adaptación con tiempo suficiente.

<u>La Estrategia Nacional Ambiental.</u>

De la historia...

En 1997 se elaboró la Estrategia Ambiental Nacional (EAN), como importante herramienta del Gobierno para la instrumentación de la política ambiental cubana. Los objetivos y acciones que la EAN incorpora, representan una significativa contribución a las metas del desarrollo económico y social sostenible en Cuba. Constituye un marco general que incluye la definición de los principales problemas ambientales del país, los objetivos estratégicos y las metas principales. Se materializa a través de Programas Anuales de Implementación, ajustados a cambios institucionales y económicos, compatibilizado con el Plan de la Economía y que recogen las principales acciones para dar cumplimiento a los objetivos proyectados para el año en cuestión.

Los objetivos estratégicos generales incluidos en la EAN 2011 – 2015 son: - Establecer prioridades y líneas de acción que permitan alcanzar niveles superiores en la protección y uso racional de los recursos naturales, la conciencia ambiental ciudadana y la calidad de vida de la población. - Fortalecer la aplicación de medidas de adaptación a los impactos del cambio climático en la gestión de los recursos naturales, el desarrollo de actividades económicas fundamentales y el ordenamiento del territorio. - Contribuir en la búsqueda de la seguridad alimentaria, mediante la promoción del uso racional de los suelos, las aguas, la biodiversidad y demás recursos naturales. - Alcanzar impactos significativos en la protección y rehabilitación del medio ambiente cubano a través de la prevención, minimización y solución sistemática de los principales problemas ambientales en el país. - Perfeccionar la aplicación de los instrumentos de la política y la gestión ambiental. - Fortalecer la atención a la salud ambiental y reducir los riesgos de enfermedades vinculadas a factores ambientales, especialmente las relacionadas con contaminantes del agua, la atmósfera y el suelo. - Promover la aplicación de instrumentos y mecanismos de carácter financiero para valorar y ordenar los elementos ambientales relacionados con las actividades económicas y sociales. -

Perfeccionar las respuestas brindadas a las consultas del proceso inversionista del país como garantía de la protección ambiental y uso racional de los recursos naturales. - Fortalecer la aplicación de las funciones que en materia ambiental corresponden por Ley a los gobiernos locales y profundizar en la delimitación de las funciones estatales, en materia ambiental, del CITMA respecto a los gobiernos territoriales.

Saber más...

Si haces un análisis de ambas ENA te darás cuenta que para cada período de tiempo se actualiza en correspondencia con las necesidades y prioridades del acontecer nacional y su relación con el internacional.

También existen Estrategias Ambientales Territoriales que son aprobadas por los Gobiernos Territoriales (Consejos de la Administración Provincial). En todos los casos, la pérdida de la biodiversidad, los procesos de degradación de suelos y las afectaciones a la cobertura forestal, constituyen problemas ambientales identificados; para los que se encuentran definidos objetivos específicos, metas y acciones a cumplimentar a este nivel.

Desde 1999 se elabora el Plan de inversiones ambientales. En estos Planes se prevé por cada uno de los sectores económicos de la nación, una sección que evalúa y estimula la asignación de recursos para distintas esferas; tales como: bosques, suelos, atmósfera, aguas, entre otros.

Sabías que...

A través de programas sectoriales el Estado cubano destina gran cantidad de recursos financieros para atender problemas ambientales, tal es el caso del Programa Nacional de Conservación y Mejoramiento de Suelos (entre 17 a 25 millones de pesos anuales en la moneda nacional) y el Programa Forestal Nacional (el Presupuesto del Estado para el 2013 fue de 165 millones 799 miles de pesos para inversiones del Programa Forestal Nacional, el presupuesto del Fondo Nacional de Desarrollo Forestal es de más de 194 millones pesos en moneda nacional).

Plan Nacional de Áreas protegidas

Como ya es sabido, el Plan del Sistema Nacional de Áreas Protegidas es un instrumento de carácter normativo y metodológico para la coordinación de la actividad y de la política ambiental en las áreas protegidas, y sus elementos se incorporan y sirven de guía a los planes ambientales y territoriales y a los planes de manejo de las áreas.

Otro de los Planes es el de Acción Nacional de Bioseguridad el cual es diseñado para todos los interesados y tomadores de decisiones en la aplicación de esta disciplina, en correspondencia con la necesidad de dar cumplimiento a la legislación nacional vigente y a los compromisos adquiridos por el país en los instrumentos internacionales de los cuales Cuba es Estado Parte.

<u>El Corredor Biológico del Caribe</u>

Se origina a partir de un Acuerdo Interministerial que propicie entre otros aspectos la preservación, conservación y restauración de la conectividad en el Caribe insular, procurando que los ecosistemas terrestres y costeros marinos que comparten las especies migratorias comunes, conserven los procesos ecológicos que les son propio reduciendo los impactos que les afectan y su fragilidad ante los efectos del cambio climático.

¿Sabías que...?

> En noviembre de 2014 en Santo Domingo se adoptaron las decisiones relativas al Proyecto del establecimiento del Corredor Biológico del Caribe y que entre sus directrices se encuentra "Priorizar el tema de la investigación científica (...) atendiendo aspectos críticos para el Corredor Biológico del Caribe (CBC) como el manejo de especies exóticas invasoras, distribución y estado de especies amenazadas, rutas migratorias, entre otros".

<u>Estrategia Nacional de Conservación de los Hongos</u>

Esta estrategia constituye el primer documento que en nuestro país, en la región Caribe, y posiblemente en Latinoamérica, aborda la problemática específica de la conservación de la diversidad fúngica y uno de los pocos que existen en el mundo. Está estructurado en dos partes fundamentales: en la primera se ofrece el estado más actual de conocimiento de la micobiota cubana por grupos taxonómicos y ecológicos, abordándose además aspectos relacionados con la legislación, educación ambiental y recursos disponibles para el estudio y conservación de la diversidad fúngica en nuestro país; mientras que en la segunda parte se desarrollan la estrategia (propiamente dicha) y el plan de acción, que dan respuesta a las lagunas identificadas en este estudio.

Estrategia Nacional para la Conservación de Especies Vegetales

Contribuye a la conservación y uso sostenible de la diversidad genética, las especies y las comunidades vegetales; y sus hábitats y ecosistemas asociados. Para ello asigna a las organizaciones actuantes la ejecución de tareas concretas con vistas a enfrentar y detener la pérdida de diversidad biológica y contribuir al bienestar humano, a la adaptación y mitigación del cambio climático y a mantener los servicios esenciales que suministran los ecosistemas. El objetivo supremo de la ENCEV es hacer frente y detener la pérdida de la diversidad vegetal, ya sea nativa o alóctona de interés para la alimentación y la agricultura; promover el acceso a la misma, su uso sostenible y la distribución de los beneficios derivados de ello.

Incluir sobre el Programa Global de Especies Invasoras.

<u>Sistema de Alerta Temprana y Respuesta Rápida</u>

Constituye un importante instrumento y mecanismo regulatorio para la detección temprana de cualquier especie exótica y también, para la detección de cualquier comportamiento inusual de una especie, sea exótica o nativa, en las diferentes áreas de trabajo. Su objetivo general es contribuir a la protección de la biodiversidad mediante la detección temprana y respuesta rápida ante las invasiones biológicas. Es un mecanismo de coordinación intersectorial que se articula con la participación de las comunidades locales y los actores provenientes de diferentes Organismos de la Administración Central del Estado y organizaciones de la sociedad civil, en representación de los sectores científicos, académicos y productivos, así como de las autoridades regulatorias y de gestión implicadas en la prevención, control y manejo de las especies exóticas invasoras.

Saber más...

Se promulgan por diferentes ministerios diferentes resoluciones ´dirigidas a la conservación de la biodiversidad y que se actualizan cada cierto período de tiempo como te explicamos anteriormente. Algunos ejemplos son los siguientes:

Decreto-Ley 164: Vedas permanentes de caimán; cobo; cocodrilo; coral negro; jicotea; delfines; manatí; manjuarí; quelonios: carey, tortuga, la caguama y el tinglado.

Vedas anuales: langosta común (*Panulirusargus*); camarón marino, camarón rosado (*Farfante penaeusnotialis*); pepino de mar (*Isostichopusbadionotus*); cobo (*Strombus giga*).

Limitaciones en época reproductiva: biajaiba; cojinúa y cibí, así como ostión de mangle.

Prohibida la captura y comercialización de 20 especies de peces de la plataforma cubana consideradas potencialmente tóxicas.

Se prohíbe la captura de 92 especies marinas por debajo de la talla mínima legalmente establecida.

Se elimina el chinchorro de arrastre escamero y se implanta la instrucción M- 2/2013 que tiene que ver con la puesta en marcha de las artes de pesca bolapie y boliche.

Existen diversas instituciones científicas cubanas que investigan los problemas de la diversidad biológica entre las que se encuentran: Centro de Bioproductos Marinos (CEBIMAR), Centro de Investigaciones de Ecosistemas Costeros (CIEC), Centro de Investigaciones y Servicios Ambientales (ECOVIDA), Instituto de Ecología y Sistemática, Instituto de Investigaciones Agroforestales (IIFT),Instituto de Investigaciones de Sanidad Vegetal (INISAV), Jardín Botánico de Cienfuegos y de Villa Clara, Jardín Botánico Nacional, Museo Nacional de Historia Natural (MNHN), Museo "Felipe Poey" de Historia Natural de la Universidad de La Habana,

Acuario Nacional de Cuba (ANC), Instituto de Investigaciones Fundamentales en Agricultura Tropical (INIFAT), Centro de Investigaciones Marinas (CIM),Instituto de Oceanología, Centro Oriental de Biodiversidad y Ecosistemas (BIOECO), así como las universidades de La Habana, Oriente y la Central de Las Villas.

A nivel mundial y en Cuba existen redes y sitios en internet para compartir la información que se ha desarrollado en los centros de investigación y universidades acerca de la biodiversidad, su conservación y uso sostenible, algunas de las cuales se mencionan a continuación:

- Redes internacionales como CARINET-BioNET y redes de CYTED que tienen como uno de sus principales objetivos el estudio de la Biodiversidad
- Entre los esfuerzos realizados en la compilación y digitalización de información sobre biodiversidad, puede mencionarse el proyecto "Automatización de información ambiental y de diversidad biológica cubana", que actualizó la información, basados en alrededor de 100 fuentes bibliográficas cubanas actuales, de una base de datos biológica, alfanumérica y espacial a nivel nacional, con más de 14000 especies nativas e introducidas de nuestra flora y fauna, comprendidas en la base de datos "Catálogo de Biodiversidad Cubana" creada en conjunto con el punto focal belga de la Iniciativa Taxonómica Mundial, con sede en el Royal Belgian Institute of Natural

Sciences, y disponibles en la web "Diversidad Biológica Cubana", que permite el país integrarse a las propuestas globales en este sentido y obtener respuestas rápidas sobre las especies y especímenes cubanos.

- Existen también iniciativas Institucionales, en cuanto a la creación de bases de datos en línea, que no pueden dejar de mencionarse, como son los casos de la digitalización de la colección de corales escleractíneos cubanos y el inventario automatizado de los especímenes tipo cubanos para las especies marinas, que desarrolla el Acuario Nacional de Cuba (ANC); y la Base de Datos de especímenes de la Flora de Cuba13, del Jardín Botánico Nacional.
- Sitio de diversidad biológica cubana.

También existen fechas relacionadas con la DB y un día, el 22 de mayo declarado como: Día Internacional de la Diversidad Biológica.

<u>Plan del Estado cubano para enfrentar el cambio climático</u>

En el 2017 se implementó la Tarea Vida, Plan de estado para enfrentar el cambio climático con diferentes plazos de cumplimiento hasta el 2100 conformado por cinco acciones estratégicas y 11 tareas. Constituye una propuesta integral, en la que se presenta una primera identificación de zonas y lugares priorizados, sus afectaciones y las acciones a acometer , la que puede ser enriquecida durante su desarrollo e implementación.

Dicho plan tiene como antecedentes las investigaciones que acerca del cambio climático inició la Academia de Ciencias de Cuba en 1991 y que se intensificaron a partir de noviembre del 2004, luego de un exhaustivo análisis y debate sobre los impactos negativos causados por los huracanes Charley e Iván en el occidente del país.

Desde entonces se iniciaron los estudios de peligro, vulnerabilidad y riesgo territoriales para la reducción de desastres, con el empleo del potencial científico-tecnológico del país, así como la actualización de los documentos ya aprobados por el Consejo de Ministros para el enfrentamiento al cambio climático.

Las acciones estratégicas contenidas en el programa son las siguientes:

1. No permitir las construcciones de nuevas viviendas en los asentamientos costeros amenazados que se pronostica su desaparición por inundación permanente y los más vulnerables. Reducir la densidad demográfica en las zonas bajas costeras.

2. Desarrollar concepciones constructivas en la infraestructura, adaptadas a las inundaciones costeras para las zonas bajas.

3. Adaptar las actividades agropecuarias, en particular las de mayor incidencia en la seguridad alimentaria

del país, a los cambios en el uso de la tierra como consecuencia de la elevación del nivel del mar y la sequía.

4. Reducir las áreas de cultivos próximas a las costas o afectadas por la intrusión salina. Diversificar los cultivos, mejorar las condiciones de los suelos, introducir y desarrollar variedades resistentes al nuevo escenario de temperaturas.

5. Planificar en los plazos determinados los procesos de reordenamiento urbano de los asentamientos e infraestructuras amenazadas, en correspondencia con las condiciones económicas del país.

La sociedad cubana requiere de un trabajo planificado, del trabajo comunitario y de la contribución personal para favorecer el desarrollo sostenible de la misma

El conocimiento de los nexo entre la ecología, la evolución y la biología de la conservación, a favor del desarrollo sostenible, demuestra cómo los diferentes profesionales deben estar preparados en la interrelación entre estas ciencias para poder influir y tomar decisiones seguras que no impacten negativamente en el medio ambiente, logrando un desarrollo sostenible del país en el contexto de la construcción de un socialismo próspero y sostenible.

No resulta suficiente que el estado cubano planifique presupuesto para la preparación de especialistas y para la ejecución de investigaciones que posibiliten tomar decisiones acertada para mejorar la economía y la calidad de vida de los cubanos si las comunidades que habitan en las disímiles áreas no actúan en consecuencia con los conocimientos necesarios que posibiliten apoyar activamente los estudios y trabajos que se realizan, no solamente en los cayos sino en disímiles regiones geográficas de gran riqueza en cuanto a su diversidad y por ello también de importancia para el desarrollo del turismo de naturaleza como renglón de gran importancia en el desarrollo económico.

La vida depende, como ya es conocido de la disponibilidad de agua. La disponibilidad de este recurso finito y renovable se distribuye irregularmente en el tiempo y en el espacio ya que depende de los ciclos de precipitaciones y de sequía, afectados en la actualidad por el cambio climático, por lo que su disponibilidad generalmente no concuerda con las necesidades.

El país invierte grandes recursos para garantizar no solamente la disponibilidad del agua necesaria, sino también de su calidad, pero el ahorro, el uso eficiente y las medidas de higiene son de índole personal, se demuestra así la sinergia indispensable entre los decisores político-sociales y los ciudadanos comunes.

Una nación es vulnerable, y podría verse amenazada por conflictos debidos a sus recursos hídricos, si su capacidad de sostener su ecosistema acuático, el medio ambiente y proveer a su población del nivel deseado de desarrollo social y económico está comprometido por la naturaleza de su sistema hidrológico, su infraestructura hidráulica y su sistema de administración del agua; estos son los sustentos político sociales que impulsan todas las acciones que en este orden se realizan sistemáticamente en el país.

De la historia...

> Un reporte de la UNESCO de 1998 plantea que el nivel de contaminación del agua es elevado y creciente, que la cuarta parte de la población mundial carece de fuentes de agua seguras y la mitad la recibe sin saneamiento adecuado.

La intrusión salina es otro de los aspetos que afectan la biodiversidad, su desarrollo sostenible y por tanto nuestra clidad de vida.

Resulta conveniente saber que a huella hídrica o huella de agua se define como impactos ambientales potenciales relacionados con el agua, de acuerdo con la Norma Internacional ISO 14046:2014, o también como el volumen total de agua dulce usado para producir los bienes y servicios producidos por una empresa, o consumidos por un individuo o comunidad.

El uso de agua se mide en el volumen de agua consumida, evaporada o contaminada, ya sea por unidad de tiempo para individuos y comunidades, o por unidad de masa para empresas. La huella de agua se puede calcular para cualquier grupo definido de consumidores (por ejemplo, individuos, familias, pueblos, ciudades, provincias, estados o naciones) o productores (por ejemplo, organismos públicos, empresas privadas o el sector económico). Sin embargo, la huella de agua no proporciona información sobre cómo el agua consumida afecta positiva o negativamente a los recursos locales de agua, los ecosistemas y los medios de subsistencia.

Los ejemplos anteriores ilustran algunas de las formas en que la estrecha relación entre el estado cubano, las comunidades y cada uno de nosotros podemos de forma conjunta trabajar por la protección de la biodiversidad y el usos sostenible de sus bienes y servicios, pero son disímiles las sinergias que se pueden establecer en otros aspectos tales como el logro de la cobertura vegetal adecuada y la no contaminación, entre otros.

Consideraciones finales

El desarrollo agrosostenible permite la sustentabilidad, la seguridad alimentaria, la estabilidad biológica, la conservación de los recursos naturales y la equidad, junto al objetivo de búsqueda de mayor producción.

Los sistemas agrícolas son creaciones humanas sus componentes no son sólo plantas y animales. Las expresiones conocidas de agricultura no sólo responden a las limitantes del medio ambiente, factores bióticos y de las necesidades de cultivo, estas también expresan aspiraciones humanas de subsistencia y condiciones económicas.

Diversas son las medidas que se adoptan en el país para preservar la biodiversidad y en todas lo más importante no es el contenido de las mismas sino la participación activa y creadora de todos y cada uno para aplicarlas adecuadamente en correspondencia con el contexto de la localidad.

Comprueba tus conocimientos

1. Conéctate a(http://www.ecosis.cu/biocuba/biodiversidadcuba) e investiga las características de la biodiversidad cubana no estudiadas en clases o aquellas que te resultaron de más interés. Elabora a partir de tu búsqueda un resumen, artículo o carteles que te posibiliten socializar la información obtenida con el resto de la comunidad educativa a la que perteneces favoreciendo la sensibilización hacia su protección.

2. Analiza la información gráfica y elabora conclusiones con relación a las medidas que se deben adoptar individualmente y en la comunidad con relación a este recurso.

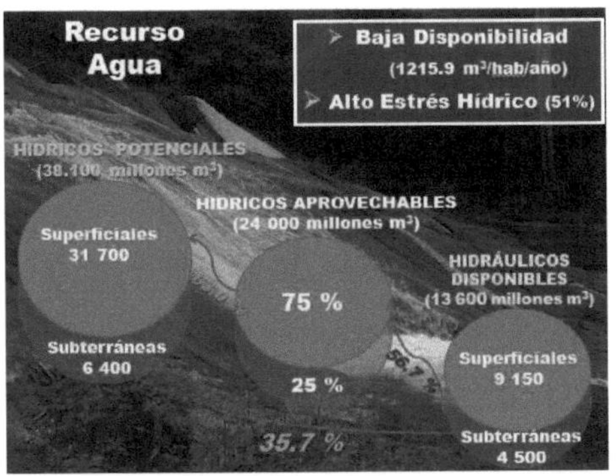

3. Concordar y discordar, es una técnica que te proponemos para realizar entre un grupo de estudiantes, y luego socialices, con otros, las conclusiones a las que llegaron con relación a la afirmación siguiente:

Resulta de gran importancia el cumplimiento de las legislaciones vigentes que regulan la protección y conservación de la biodiversidad, así como el continuo desarrollo de los centros de investigación, la creación de redes y sitios de información, para compartir información sobre el tema a nivel nacional e internacional.

4. Elabora un texto argumentativo, de aproximadamente dos cuartillas, donde expongas tus consideraciones finales acerca de la importancia de los conocimientos ecológicos, de conservación y sobre el desarrollo sostenible.

Desafíos

1. En el empeño de proteger la biodiversidad se emplean diversos enfoques entre los que se encuentran el enfoque de sistema y el de paisaje. Si conformaras parte de uno de estos grupos de científicos, a qué enfoque te afiliarías ¿por qué? Argumenta y ejemplifica tus razones.

2. Conéctate con www.fao.org/landandwater y localiza información interesante relacionada con los estudios que estamos realizando y prepárate para que la socialices con tus compañeros.

3. Observa la siguiente gráfica que muestra el número de especies de moluscos terrestres por categoría de amplitud de su hábitat en el Sub-archipiélago de Sabana-Camagüey, conociendo la simbología siguiente: **A**: Amplia, **M**: Media, **B**: Baja y **MB**: Muy baja.

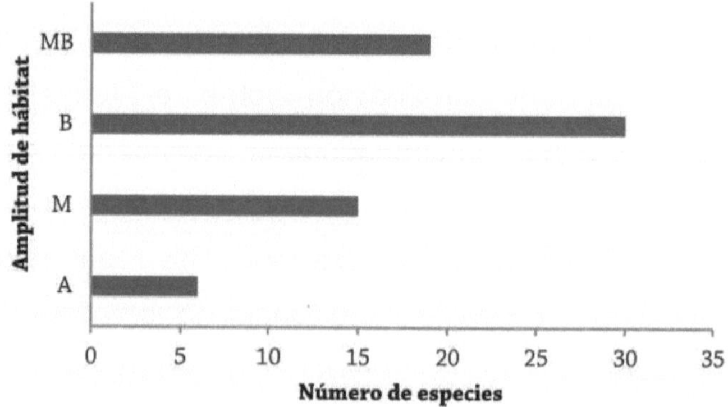

a) Plantea hipótesis acerca de la posibilidad de proyectar y erigir edificios sin afectar la biodiversidad estudiada conociendo además que <u>existe</u>

<u>dependencia en relación con las características del hábitat</u> para la supervivencia de los moluscos terrestres.

Bibliografía

1.   A Lhumeau, D. Cordero. (2012). Adaptación basada en Ecosistemas: una respuesta al cambio climático. Oficina Regional para América del Sur. UICN. Quito. Ecuador. Disponible en: www.uicn.org/sur

2.   Agencia de Medio Ambiente (AMA). Plan Nacional de Diversidad Biológica para apoyar la implementación del Plan Estratégico del CDB 2011 - 2020 en la República de Cuba. (pdf).

3.   Berovides V y J. L. Gerhartz. (2009). Diversidad de la Vida y su conservación. Editorial Científico Técnica: La Habana, Cuba.

4.   CITMA: (2011). El Cambio Climático y la zona costera cubana. Nuestros científicos alertan. La Habana, Cuba. ISBN 978-959-300-017-8

5.   CITMA: (2017).Enfrentamiento al Cambio Climático en la República de Cuba. Tarea Vida. CITMATEL, La Habana, Cuba.

6.   Colectivo de Autores. (s/a). La Educación Agropecuaria en la escuela cubana actual. (pdf)

7.   FAO. (s/a).Cambio climático y seguridad alimentaria. www.fao.org/climatechange.

8.   González Alonso H., Luis F. de Armas. (2007). Principales regiones de la Biodiversidad cubana. Capítulo 3. En Biodiversidad de Cuba. Editorial Polymita, S. A.

9.   Oficina Tri-nacional del Corredor Biológico en el Caribe. (2014). V Reunión - Comité Ministerial de Política del Proyecto UNEP/EC del Corredor Biológico en el Caribe. Santo Domingo. República Dominicana.

10.   Partes firmantes: Cuba, Haití y República Dominicana. (2014). Acuerdo Ministerial del Corredor Biológico del Caribe. Santo Domingo, República Dominicana.

11.   Principales ecosistemas frágiles cubanos. Artículo del tabloide de Universidad para Todos aparecido en el Portal de Medio Ambiente Cubano www.medioambiente.cu

12.   Secretaría del convenio de Diversidad Biológica. (2004). Directrices del CDB. Enfoque por Ecosistemas. ISBN: 92-9225-025-6 (pdf).

13.   Theodor Friedrich, Amir Kassam. (2013). Intensificación Sostenible, Medio Ambiente y Desarrollo. La actualización del modelo agrícola para responder a las prioridades nacionales de Cuba. En IX Convención Internacional sobre Medio Ambiente y Desarrollo del 8 al 12 de Julio, La Habana, Cuba.

14.   UNESCO (2014). Declaración de Aichi-Nagoya sobre la Educación para el Desarrollo Sostenible. Conferencia Mundial. Aichi, Nagoya, Japón. (pdf).

yes I want morebooks!

Buy your books fast and straightforward online - at one of world's fastest growing online book stores! Environmentally sound due to Print-on-Demand technologies.

Buy your books online at
www.morebooks.shop

¡Compre sus libros rápido y directo en internet, en una de las librerías en línea con mayor crecimiento en el mundo! Producción que protege el medio ambiente a través de las tecnologías de impresión bajo demanda.

Compre sus libros online en
www.morebooks.shop

KS OmniScriptum Publishing
Brivibas gatve 197
LV-1039 Riga, Latvia
Telefax: +371 686 204 55

info@omniscriptum.com
www.omniscriptum.com

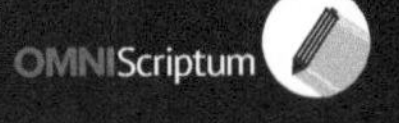

Printed by Books on Demand GmbH, Norderstedt / Germany